グミがわかればヒットの法則がわかる

白鳥和生

プレジデント社

はじめに

飲食料品の世界で四半世紀ぶりの〝大逆転劇〟が起きた。コロナ禍のさなかの2021年、グミがチューインガムの市場規模を上回ったのだ。これは1998年に、ビール業界で「アサヒスーパードライ」を擁するアサヒビールが、「キリンラガー」のキリンビールの牙城《がじょう》を切り崩して首位に立ったのに匹敵する出来事だ。もちろんグミとガムは、ビールとはカテゴリーも対決の構図も違うし、置かれた時代背景や環境も異なる。だが、口に入れてかむという同じ行為で、〝お口の恋人〟として気分転換する機能を持つガムとグミが、明暗を分けた。これは流通ジャーナリストとしての筆者だけではなく、多くの人々が関心を持つところだろう。

グミは不思議な食べ物だ。歯ごたえがある硬いものから、ぷにょぷにょした柔らかいものまで食感は多彩。ぶどう味やコーラ味、ソーダ味などの様々なフレーバー、もちろん形もバラエティー豊か。パウダーがついているものもあり、一概に「これがグミだ」といった定番もない。それがいつの間にか、コンビニエンスストアや食品スーパー、ドラッグストアの売り場を占拠。日常的にSNS（交流サイト）でグミのことを取り上げたり、口寂しいときにグミをついつい口に運んだりと、消費者の生活の中に入り込んでしまった。

筆者は1967年生まれ。実は、子どもの頃にグミを食べたことはなかった。ガムや飴《あめ》で

グミとチューインガムの売上高推移

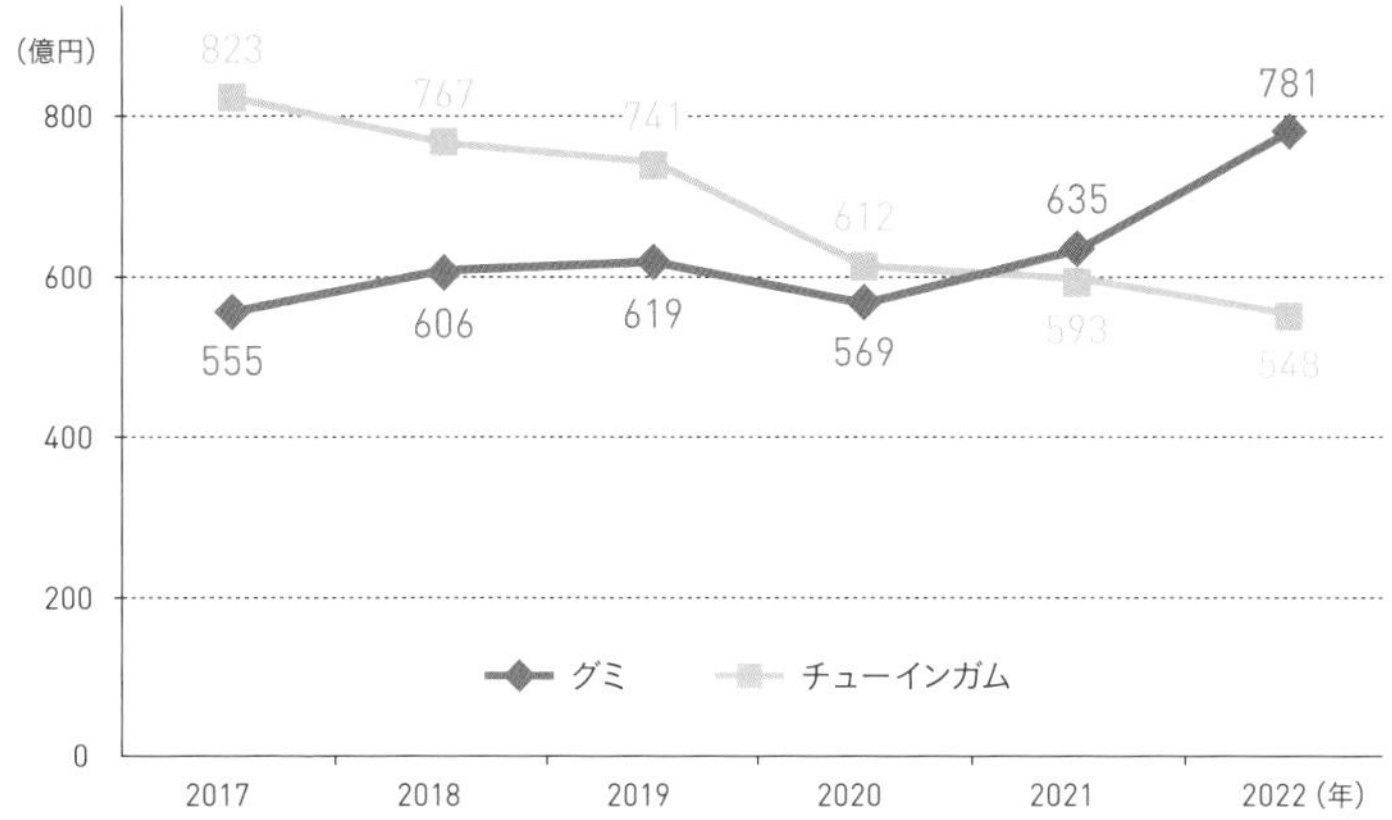

出典：インテージ

育った世代だ。強いて言えば、グミ的なものとしてジェリービーンズはあったが……。ただ、本書の出版元であるプレジデント社の書籍編集部長、桂木栄一さんとの雑談で「コンビニでグミが相当売れているらしい」と聞き、いつの間にか原稿執筆中の〝お供〟としてグミを食べている自分を思い出した。

最近はコンビニの棚でガムが脇（下段）に追いやられ、「ゴールデンゾーン」と呼ばれる目線の位置に様々なグミが並ぶ。これまではボトル入りのガムを買っていたのが、男性も手に取りやすいパッケージが目立つから、自然と手が伸びるわけだ。

取材を進めていくと、グミの〝深さ〟を感じた。「今度、お菓子のグミをテーマにした本を出すんだ」と話すと、「えーっ！　私、グミ大好きなんです！」「〇〇グミが一推し！」などと反応する知人が多いことに驚いた。

「食」に関して人間は保守的と言われる。土地ごとに採れる素材はバラエティーに富み、各地に「伝統食」や「食習慣」がある。幼少時から食べている〝おばあちゃんの味〟や〝お袋の味〟を「おいしい」と食べ続ける向きは多い。だから大手チェーンに飲み込まれずに元気に存在する食品スーパーや惣菜店、飲食店が全国にある。飲食料品を手掛ける中小のメーカーもまたしかりだ。

とはいえ、戦後一貫して食の洋風化、外部化が進み、ライフスタイルの変化も手伝って、様々な食のブームが繰り返し起きてきた。グミの人気もそのひとつと言われればそれまでだが、1980年代末に菓子市場に本格的に登場して以来、1袋100〜200円程度の商品がトータルで700億円を超える市場にまで成長したのは単なるブームではないはずだ。

グミという食べ物は、考えれば考えるほど、その摩訶不思議さ、秘めたる〝謎〟に迫りたくなる。本書は様々な調査データを読み解き、メーカーや卸、小売り、マーケティングリサーチ企業などの関係者への取材から、グミがなぜ、我々の日常生活に定着していったかを明らかにすることを試みた。また、「驚き・感動」「納得感」「伝えたくなる」――という筆者なりの「ヒットの法則」に照らし合わせ、グミとは何者かを探った。そして、グミをケースに、消費者に愛されるブランドになるために企業はどうすればいいのかを考えた。

「グミ」とは何者か――という問いに対して、導き出したのは5つの視点だ。

①「幸せ感」につながる小腹満たし・気分転換
②「コスパやタイパ」につながる代替ニーズを満たす
③「楽しさ」につながるバラエティーの豊かさ
④「期待感」が高まる相次ぐ新商品の登場
⑤「つながっていることを実感」できるコミュニケーションツール

こうした5つの要素は、意外性や当初に期待していた水準を上回る「驚き」、コストパフォーマンス（コスパ）やタイムパフォーマンス（タイパ）を含めた「納得感」につながり、驚きと納得感がそろえば「人に伝えたくなる」という人間の心理に働きかける。

日本におけるグミの歴史は40年ほどの浅さにもかかわらず、幅広い層が支持する商品として定着した理由がここにある。さあ、グミの世界を一緒により細かく見ていこう。

CONTENTS

第2章 消費者の声から読み取る「グミ」とは

第3章

メーカー各社の戦略

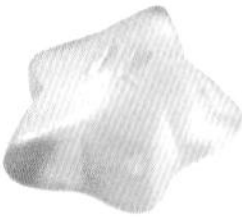

（本文中の肩書は取材時のもの）

1920年、いまや世界120カ国以上で愛される
グミの世界トップブランド「ハリボー」は誕生した。

第1章

グミの歴史と人気

グミの起源はドイツ

「日本に留学している娘に『お土産は何がいいの？』と聞くと、すかさず『グミ』って返ってくるの」。

ドイツ人の音楽家のご主人と、４人の子どもを育てているキャビンアテンダント（ＣＡ）のフランクみちよさん。ウェルビーイング（幸福学）を学ぶサークルで知り合ったばかりだが、来日した際に、筆者がグミの本を書いていると話すと目が輝き、いかにドイツ人がグミを愛しているのかを説明してくれた。

そんなドイツ人のソールフードと言えるグミ。誕生はおよそ１００年前に遡《さかのぼ》る。ドイツのボンにあった小さな台所のような研究プラント。あるのは作業台、腰掛けに竈《かまど》だけ。そこの主《あるじ》は飴職人として経験を積み、27歳で独立したハンス・リーゲル。彼は日夜、新しい商品の開発に取り組み、１９２０年、いまや世界１２０カ国以上で愛されるグミの世界トップブランド「ハリボー」を生み出した。

ハリボーとは、自身の名前「ハンス・リーゲル（Hans Riegel）」と地名の「ボン（Bonn）」に由来する。メーカーとしてのハリボー社は、ネスレなどの食品メーカーの傘下に入ることなく、独立経営を貫き、株式を上場しないファミリービジネスの形態をとる。

同社の現在の成功は、「ハリボーキャンディーの購入によって引き起こされた子どもの頃の懐かしさの爆発に起因する」（「スミソニアンマガジン」）と言われる。つまり、ハリボーは子どもの頃に親しんだ味を、思い出とともに次世代につなげていくことに成功している。

子どもに食べさせたい菓子

歴代の経営者が「子どもに食べさせてあげたくなるお菓子を」という創業時の思いを、製品開発やマーケティング活動で貫いている。ハリボーのドイツ語の宣伝文句は、〝Haribo macht Kinder froh und Erwachsene ebenso〟（ハリボーは子どもたちを、そして大人も幸せにする）。

実際、ハリボーのテレビCMは、その姿勢を映し出している。日本版CMでは、部屋で退屈している4人の力士のうちの1人がグミを見せた途端、「ハリボーって、ぷにぷに～」などと少年のように会話を弾ませ、やがてグミを紙相撲に見立てて遊び始める。大の男が見せる無邪気な表情のインパクトに加えて、声が子どもというギャップが話題をさらった。

この子どもの声を使った演出は、同社の世界共通のコミュニケーション戦略だ。アメリカではアメリカンフットボール、イギリスではロックンローラーなどと、各国のメジャーなシーンをCMにしている。日本では、国技である相撲の力士をパロディに仕上げたというわけだ。SNSでの反響も大きく、1回目の放送時には、1週間あたりの売り上げが69％増となり、全ての年代で購入者が増加した。

世界的な人気キャラクター

パッケージにデザインされている、真っ赤な蝶ネクタイがトレードマークの「ゴールドベア」は世界的な人気キャラクターだ。クマの形をしたグミの原型は1922年当時から。はじめは「Tanzbären」（Dancing Bear／踊るクマ）としていたが、1960年にブランド変更した。1922年当時、ドイツでは町に「市《いち》」が立つと、サーカスの「クマの踊り」が人気の見世物となっていた。リーゲルは、子どもたちが楽しんでいる様子を見て、クマの形をしたグミをつくろうと思いついた。大のクマ好きで知られたセオドア・ルーズベルト米大統領にその名が由来するクマのぬいぐるみ「テディ・ベア」の人気が、ドイツでも広まりつつあった時代だった。

商品としてのゴールドベアは、オレンジ、パイナップル、リンゴ、イチゴ、レモン、ラズベリーの6種類のフレーバーが1袋に入っており、フルーツグミの代名詞であり、同社のメインブランドにもなっている。

砂糖とゼラチンが主原料

グミの「元祖」であるハリボーは、砂糖とゼラチンを主原料とする。ただ、ハリボー誕生以前にもゼラチンベースの菓子はあった。ヨーロッパでは、果物をペクチンなどでゲル化して保存できるようにしたゼリーやジャムが食べられていたほか、19世紀のアメリカに登場したガムドロップ（フルーツゼラチンに由来する小さくて硬い菓子）、トルコの伝統的菓子であるロクム、絶対禁酒主義者が考案した英国などで親しまれているワインガムなどが存在した。

そうそう、日本でもグミの親戚のようなお菓子が昔からある。キャラメルのように四角い箱に入った「ボンタンアメ」。餅米に水飴を練り込み、鹿児島県阿久根《あくね》市産のボンタン（文旦）を原料としたエキスなどを加えた飴菓子で、もちもちした食感が特徴だ。セイカ食品（鹿児島市）の前身が、ハリボー創業と同時期の１９２５年に製造販売し始めた。

「ボンタンアメ」は、１個ずつオブラートでくるまれているのも特徴のひとつで、箱の中で粘り気が強いボンタンアメ同士がくっつかないようにするため、使うようになった。ここで、古くからのグミ好きの方が思い出すのが、日本でグミを初めて名乗った「コーラアップ」ではないだろうか。１９８０年の発売当時は、コーラアップもオブラートを身にまとっていた。

話をハリボーに戻そう。前出の「スミソニアンマガジン」の記事の中で、キャンディーの歴史に詳しいスーザン・ベンジャミンは「リーゲルがつくったグミは初期のキャンディーを微調整したものであり、革新的な部分は『クマの形と優しい甘さ』だった」と指摘した。また、『The Sweet History』シリーズの著者、ベス・キンメルは「リーゲルは優れたビジネス感覚によって

『キャンディーは見た目と質感が大事』ということを理解していた」ことから、「香味付けと着色に先進的な技術を採用してクマの形をしたグミをつくり出した」と分析している。

1980年代にアメリカ、日本市場に進出

ハリボー社は1982年にアメリカに進出する。パッケージとフレーバーをアメリカ人好みのものに刷新するなどのマーケティング活動の結果、クマの形をしたグミ(ガミー・ベア)は大変な人気を博した。ウォルト・ディズニーもグミ人気に飛びつき、1985～1991年にかけてテレビアニメ「ガミー・ベアの冒険」を放映。ジェリービーンズの祖国であり、世界最大の消費市場でもあるアメリカでの地位を不動のものにした。

日本では並行輸入されてきた時期が長く、ハリボー社として正式に日本市場に参入したのは1985年。「ソニープラザ」(現在のPLAZA)などの輸入商品専門店で主に扱われてきたが、総代理店の食品卸大手、三菱食品の力もあって2000年代に入ってから大手コンビニエンスストアでの販売が始まった。この動きにスーパーマーケットなども追随し、輸入菓子ながらハリボーは食品小売業の売り場に「定番」商品として定着した。

ファミリービジネス(同族経営)のため、詳細な売り上げデータは明らかにしていないが、「日本での売り上げは過去2年間で40%増加しており、これはアジア太平洋地域全体の30%増より

も良い数字だ」（ヘルウィック・フェネケンス最高商業責任者の2022年4月22日付『日経MJ』での発言）という。

日本は「明治」が先陣切る

「レーベ（REWE）」や「エデカ（EDEKA）」といったドイツのスーパーマーケットに行くと、売り場にはひとつの通路にびっしりとハリボー社の製品だけが並んでいる。実際、「ハリボー」は世界シェア・ナンバーワンのブランドだが、実は日本市場では3〜5番手のグループにとどまる。「果汁グミ」の明治が市場シェアの2割弱を持ち、これに「ピュレグミ」のカンロが続き、ハリボーの上を行く存在となっている。ほかにもUHA味覚糖、ノーベル製菓、カバヤ食品といった定番商品を持つ有力メーカーが目白押しだ。いずれも、新商品の発売にも積極的で、各社がしのぎを削っているのが日本市場の現状だ。

当初は「ゼラチン菓子」という呼び方も

日本におけるグミの歴史は1980年に始まる。明治（当時は明治製菓）が「コーラアップ」を発

グミ市場のメーカー別シェア

	メーカー	2019年	2020年	2021年	2022年
1	明治	28.9%	23.4%	20.9%	18.8%
2	カンロ	10.1%	13.3%	13.7%	12.9%
3	UHA味覚糖	15.5%	14.3%	11.8%	10.7%
4	バンダイ	6.2%	8.1%	10.4%	9.7%
5	ノーベル製菓	6.9%	7.5%	8.7%	8.8%
6	カバヤ食品	7.9%	7.6%	7.6%	7.6%

出典：日経POS情報

売してからだ。当初のコーラアップは、子どもを意識してやわらかく仕上げており、オブラートごと食べるタイプだった。欧米のグミはゼラチンを多く入れているので、日本人には硬すぎて歯切れが悪いと判断。そこで、同社はゼラチンの量を変えることで、日本人に合った製品をつくりあげた。当時とは背景が違うが、硬めの食感に生まれ変わったブランドは今もあり、コーラ味は男性を中心に根強い人気がある。

ただ、１９８０年代の当時の新聞記事を見ると「ゼラチン菓子」といった表現があるなど、カテゴリーとして確立しない時期があった。そうした黎明《れいめい》期を経て１９８８年、同じく明治が満《まん》を持《じ》して、やわらかな食感と果汁感を強調した「果汁グミ」を投入。曲折はあったものの、ここに今日まで続くグミブームが幕を開けた。

ヨーロッパ視察で経営幹部が注目

明治といえばチョコレートが有名だが、夏にも強い商品をつくりたいと、ヨーロッパ視察で人気のグミに目をつけた。明治同様に、ほかの菓子メーカーも現地で人気のグミの情報を集めており、UHA味覚糖も経営トップが早くから目をつけていたという。同社会長が欧州で子どもたちが当たり前のように食べ、欧州に行く度に売り場が広がっている様子を見た。そこでドイツ企業から技術供与を受け、1985年に「コスミック21ベア」という商品を発売した。

味も食感も多様なグミが市場を形成する日本にあって、カテゴリーを確立したのが「果汁グミ」だった。従来、キャンディーやグミなど、糖液を煮詰めてつくる菓子には、果汁を入れることは難しかった。果汁は熱を加えると鮮度と風味が損なわれるばかりでなく、色も変わってしまうためだ。だが、明治は特殊な煮詰め技術、ゼラチン溶解技術の開発などによって、果汁入りグミの実現を可能にした。

この「果汁グミ」は爆発的にヒット。1990年のグミ市場は250億円と、1987年の約5倍になった（1991年2月13日付『日経産業新聞』）。これを受け、ほかのメーカーが続々とグミ市場に参入。すっぱいパウダーをまぶしたカンロの「ピュレグミ」、春日井製菓の「つぶグミ」、カバヤ食品の「タフグミ」、UHA味覚糖の「さけるグミ」など、様々なタイプが登場していった。

2021年にグミ市場がガム市場を逆転！

2023年は、菓子業界にとってエポックメイクな年になった。明治が2023年3月にガム市場からの撤退を表明したからだ。口寂しいときに食べたくなるお菓子の代表格、ガムとグミ。コロナ禍前の市場規模は、ガムがグミを大きく上回っていたが、2021年に逆転した。ガムが先細りする中、グミ市場は快進撃を続けている。

消費者ニーズとギャップが広がった？ ガム

明治がガムの主力ブランド「キシリッシュ（XYLISH）」シリーズと「プチガム」の販売を2023年3月末で終了した。「社会環境の変化により、ガムの価値と消費者のニーズとのギャップが大きくなった」（明治）というのが理由。同社はキシリトール配合商品の老舗《しにせ》格だったが、ロッテの主力商品「キシリトールガム」が強い市場で埋没。また、ガム市場が長期低落傾向にあることがこの決断につながった。

キシリッシュは、虫歯予防に効果があるとされる「キシリトール」を日本で初めて配合した商品として話題と人気を集めた。発売20周年を迎えた2017年には、「イキがいいのだ」キャンペーンと題してロックバンド「キュウソネコカミ」にコラボレーション楽曲を依頼し、動画コミュニティ「MixChannel（現ミクチャ）」で募集した動画を基にしたミュージックビデオを配信して盛り上げた。

ただ、25周年を迎えた2022年は特段のキャンペーンをすることはなく、翌2023年3月で販売を終了した。売り上げのピークは2007年だった。一方で、明治はキシリッシュのブランド名をグミに転用し、「キシリッシュグミ」を2023年4月に発売した。

グミ市場、2022年は前年比23%増

東京都内のとあるコンビニエンスストア。棚で最も目立つ目線の位置にはグミ、その下にはタブレット（錠菓）がずらり。ガムは最下段にある。POSデータを駆使するコンビニの棚は、商品の浮き沈みをシビアに反映する（人気のグミでも一部の韓国製グミなどは売れ行きが悪く、店の隅っこで割引シールが貼られ、見切りの対象になっているのもご存じの通りだ）。

調査会社インテージ提供の市場規模データによると、2017年のチューインガム市場は823億円、グミ市場は555億円と約270億円の差があったが、ガム市場は2018年767億円、2019年741億円、2020年612億円と縮小の一途。一方のグミは2018年606億円、2019年619億円と拡大し、新型コロナウイルス感染拡大初年の2020年こそ569億円と前年割れしたものの、2021年は635億円と拡大し、同年

593億円に縮小したガムを逆転した。

2022年のグミは前年比23％増の781億円と躍進し、548億円のガムに約230億円超の差をつけてリードした。わずか5年で、市場規模が逆転して立ち位置が入れ替わった格好だ。何か口寂しいときのお供だったガムは、そのポジションをグミに取って代わられた。

実際、ジェイ・エム・アール生活総合研究所（JMR生活総合研究所）の消費者調査（2023年5月、20～69歳の男女971人）によると、ガムとグミについて、1年前と比較して食べる頻度の増えた割合はグミが高く、ガムを4％ほど上回った。

ガムはロッテの独壇場、グミは有力メーカーが群雄割拠

チューインガム市場はロッテの独壇場とも言える市場だ。日経POS情報がカバーする全国のスーパー71チェーン約1500店舗のPOS情報によると、販売金額の64・2％をロッテが占めている（2022年）。ボトルタイプの粒ガム「キシリトールガム　ライムミント」が一番人気だ。

日経POS情報によると、スーパーマーケットにおけるメーカー別シェア2位は、「クロレッツ」「リカルデント」で知られるモンデリーズ・ジャパン。CMでもおなじみのブランドを展開しているが、販売金額シェアは19・1％にとどまる。明治はモンデリーズに続く3番手だ

が、販売金額シェアは4・7%と大きく水をあけられ、2019年の6・3%からも縮小していた。

シェアの伸び悩み以上に、明治のガム市場撤退へ踏み切る要因になったのが、ガム市場そのものの退潮だ。

一方のグミ市場は、ロッテのガムのようなガリバー的な存在はなく、「果汁グミ」シリーズを販売する明治が販売金額シェア18・8%でトップ(2022年)。これにカンロ、UHA味覚糖などが続く。

周辺商品の市場からも消費者が流入

もうひとつ興味深いデータがある。グミはガムの市場から顧客を奪っているわけではないということを、マクロミルが分析している。同社によると、錠菓も含めたガムなどの口中清涼菓子のほかに、キャンディー、チョコレートからも顧客がグミへ流入しているという。特に2022年は、小袋タイプのチョコレート菓子(ポケチョコ)から16億円がグミに流れた。さらに、グミを売り場で見つけて気になって買ってみたトライアルユーザーが、好きな商品を見つけてリピーターになっていったことで市場が拡大したという。

また、JMR生活総合研究所の調査によると、ガムを食べる頻度が減った人のうち、グミを

競合商品からグミ市場への流入

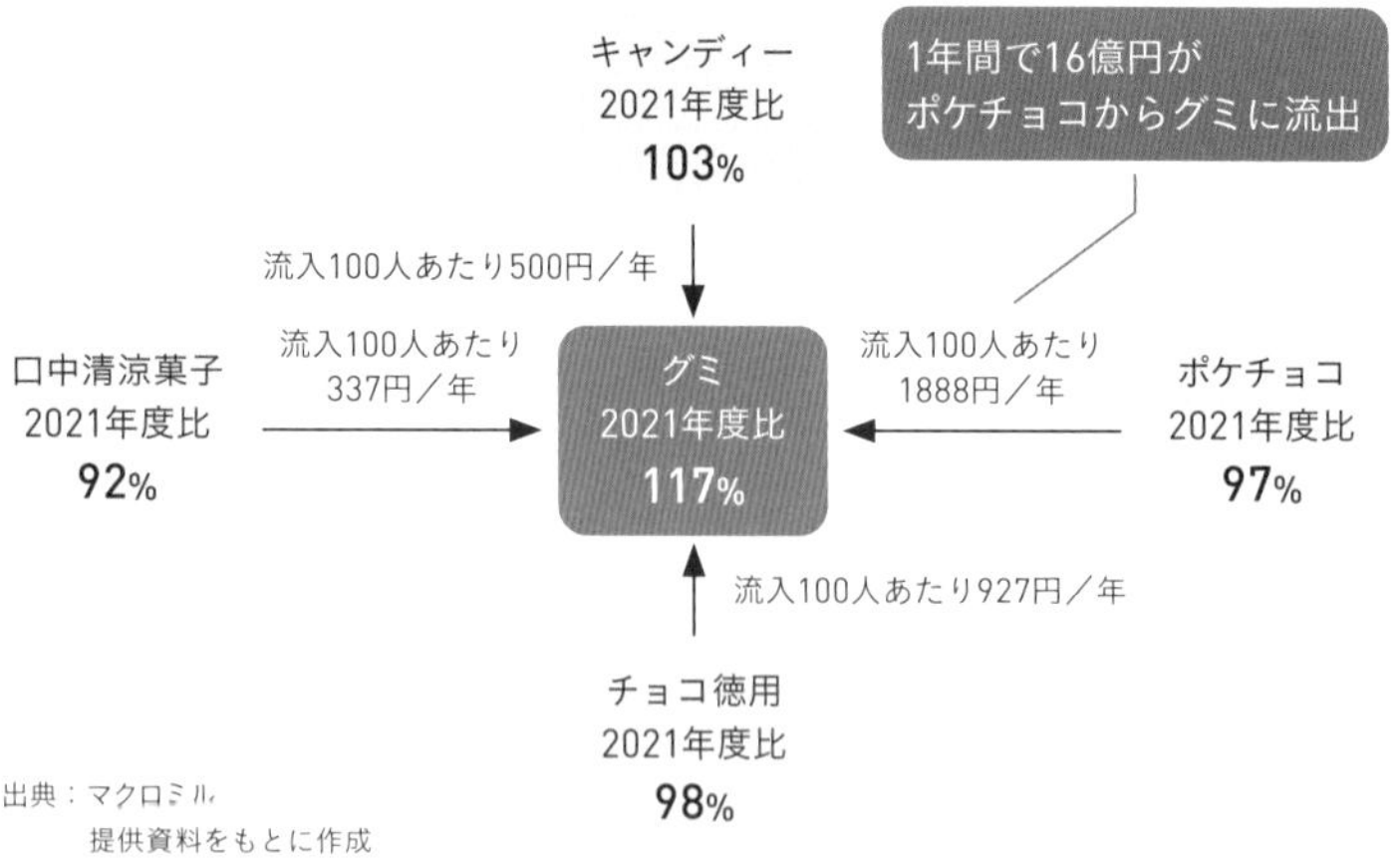

出典：マクロミル
提供資料をもとに作成

食べる頻度を増やしている人は25％だった。同研究所では「ガムからグミに需要がシフトしたといった代替関係に両者はない。グミとガムの特徴や食べている人の背景は異なり、グミには話題性や嗜好性、ガムには機能性がある。人々の関心も高いことから、どちらにも今後の成長の余地はある」と見る。

ちなみに、ガムの市場は、喫食シーン減少で前年割れが続いていたが、マスクを外す人が増えたことで、需要が戻りつつある。市場をリードするロッテが、菅野《かんの》美穂さんを起用したテレビCMを投下したことや、人気アーティストのBTSを起用したプロモーションを実施したことで市場は活性化してきた。

商品数の増加も市場をけん引

グミは商品数が増えていることも、消費者へのアピールにつながっている。日経POSデータによると、2019年は約370種類だったが、輸入品も増えており、2023年8月時点では792種類と800種類に迫っている。

都内にある食品スーパーのバイヤーは「SKU（商品の最小管理単位）は拡大傾向にあり、今後も成長するカテゴリーと判断している」と話す。また、大手コンビニエンスストアの担当者は「店のレイアウト変更のたびに、グミは売り場を広げている。ガムは逆に、これ以上減らせないぐらいのところまで、売り場面積を減らしてきた。ガムは右肩下がり、グミは右肩上がりの構図は、コロナ禍で決定的になった」と見る。

また、カンロの村田哲也社長は「グミの購入率は、10年間で6ポイント程度しか伸びず、現在4割台。逆に飴の購入率は少し落ちているものの6割台。10代は、飴よりもグミを購入する傾向にあるが、10代以外の世代は飴を買う傾向にあり、グミはまだまだ伸びる余地がある」と見ている（2023年7月27日の中間決算発表会での発言）。

「ゴミ」が出ず環境にやさしいグミ

グミとガムを比較する場合、「ゴミ」との関係も無視できない。ガムが支持されてきたのは、かむと気分のリフレッシュや眠気覚まし、歯の健康への配慮といった便益があったためだ。だが、最近はガムのデメリットが目立つようになってきた。口からガムを吐き出すことに対するネガティブなイメージや、ガムのゴミを処理する煩《わずら》わしさが増大した。特に街なかや駅構内でテロ対策などからゴミ箱が減っていることがある。

地球環境問題は政治経済の喫緊の課題となっている。国連が２０１５年に策定したＳＤＧｓ（持続可能な開発目標）の認知が広がる中、ゴミの削減は生活者の身近なエコな活動のひとつだ。コロナ禍の２０２０年７月にはレジ袋が有料化され、２０２１年には日本政府も「カーボンニュートラル」を２０５０年までに達成することを国際公約として掲げた。スウェーデンの環境活動家グレタ・トゥーンベリさんのようなＺ世代（１９９０年代後半から２０１０年代前半に生まれた若者）は環境問題を自分事《じぶんごと》として捉える向きもあり、たかがガムといえども、かみ終えたガムをどうするかという問題は、生活者の心理に陰を落としている。

コロナ禍が後押しした市場拡大

筆者はなんとなく集中して原稿書きするときなどにグミを口にすることが多い。読者の皆さんはグミをいつ、どんなシーンで食べていますか。有力メーカーの担当者は「コロナ禍でグミ

の喫食シーンが広がった」と口をそろえる。

外出時の菓子から家でも食べる菓子へ

グミが生活者から支持されている理由は様々だが、市場拡大、特にガムの市場規模を上回った背景にはコロナ禍の影響が無視できない。具体的には、コロナ禍の外出自粛、マスク着用によって、ガムやタブレットが担ってきた「口臭防止」という需要が減り、「口寂しさ」を紛らわす需要がグミに流れてきたこと、さらにオフィスや学校、移動中などに持ち歩くだけでなく在宅時（家庭内）でもよく食べられるようになった、という2点が挙げられる。

新型コロナウイルスは、我々の暮らしや経済を大きく揺さぶった。日本私立歯科大学協会が2020年に実施したアンケートによると、マスクをするようになって「自分の口のにおいが気になるようになった」人が39・4％いるのに対し、「口臭を気にすることが減った」人も25・4％にのぼった。また、食事のデリバリー、ネットショッピング、リモートワークなど、ライフスタイルや価値観も変化した。国土交通省「テレワーク人口実態調査」によると、2020年度にテレワークを実施した雇用者は全国で23・0％にのぼった。食の世界でも在宅時間が増えて自宅で食事する「内食」需要が盛り上がり、家族そろって食卓を囲む機会が増えたり、デリバリーやテイクアウトが当たり前になったりした。

カンロの入江由布子さん（マーケティング本部マーケティング統括チームリーダー）は「コロナ前まで、グミは通勤、通学とか外で食べるシーンが多く、それほど家で食べるお菓子ではなかった。コロナで外出がなくなって、一時的にグミの市場は落ち込んだ。ただ、その後しばらく在宅で仕事をしたり、家にいる時間が増えたりしてくると、小腹満たしにお菓子を食べるときに、チョコレートとかクッキーとかカロリーの高いイメージのものよりも、グミの方がまだヘルシーなイメージがあり、選ばれるようになった。家でグミを食べる需要が増え、2021年くらいから、グミが復調してきた。2022年くらいからは外に出る機会も増え、外でグミを食べる、そういう人たちも復活した。それぞれがプラスオンになった格好で、消費シーンが変化・拡大したというのが、グミ市場が今大きく伸びている要因のひとつ」と、コロナ禍から現在までの市場動向を解説する。

インテージの木地利光アナリストも「コロナ禍では、外出時の口臭を気にするよりも、いかに家の中で気分を高めるかが重要になった。グミは歯ごたえや味などの種類が多く、楽しみながら食べることができるところが、支持された要因だ」と分析する。

硬いグミで集中力アップ

最近は、硬めの食感のハードグミの人気も高まっている。「仕事中にかむことで集中力アップを期待する消費者もいる」（カンロの木本康之さん＝マーケティング本部ピュレグミ・カンデミーナブランド室長）からだ。カバヤ食品の「タフグミ」は、高弾力食感でかみ切りにくい粘り、さらにサワーパウダーと大粒のキューブ形が売り。「受験勉強など集中力を高めたいときに食べてほしい」と、2018年にエナジードリンク味を発売した。

JMR生活総合研究所のグミとガムの消費に関する生活者調査（2023年5月）によると、食べるシーンでは「家でくつろいでいるとき」が最も差が大きく、グミが約30％高い。差が大きく、ガムが高い項目は「車の運転をするとき」「人と会うとき」だった。ここでも、コロナ禍での外出自粛やリモートワークなどの影響がうかがえる。

不自由な生活のはけ口にSNSで情報発信

また、不自由な自宅生活や、友人との交流が制約されるコロナ禍にあって、人々はSNSにそのはけ口を求めた。カラフルな色やユニークな形、新しい商品が次々に発売されていくグミは、SNSに投稿する格好のネタとなった。

例えば、カンロ。最初の食感はグミだが、食べているうちにマシュマロになる新食感菓子「マロッシュ」を、「15秒でマシュマロになるグミ?!」というキャッチコピーで訴求。インフルエンサーを巻き込んだ動画をTikTokで拡散させるなど、ターゲットの利用メディア環境に

グミのマーケット変化

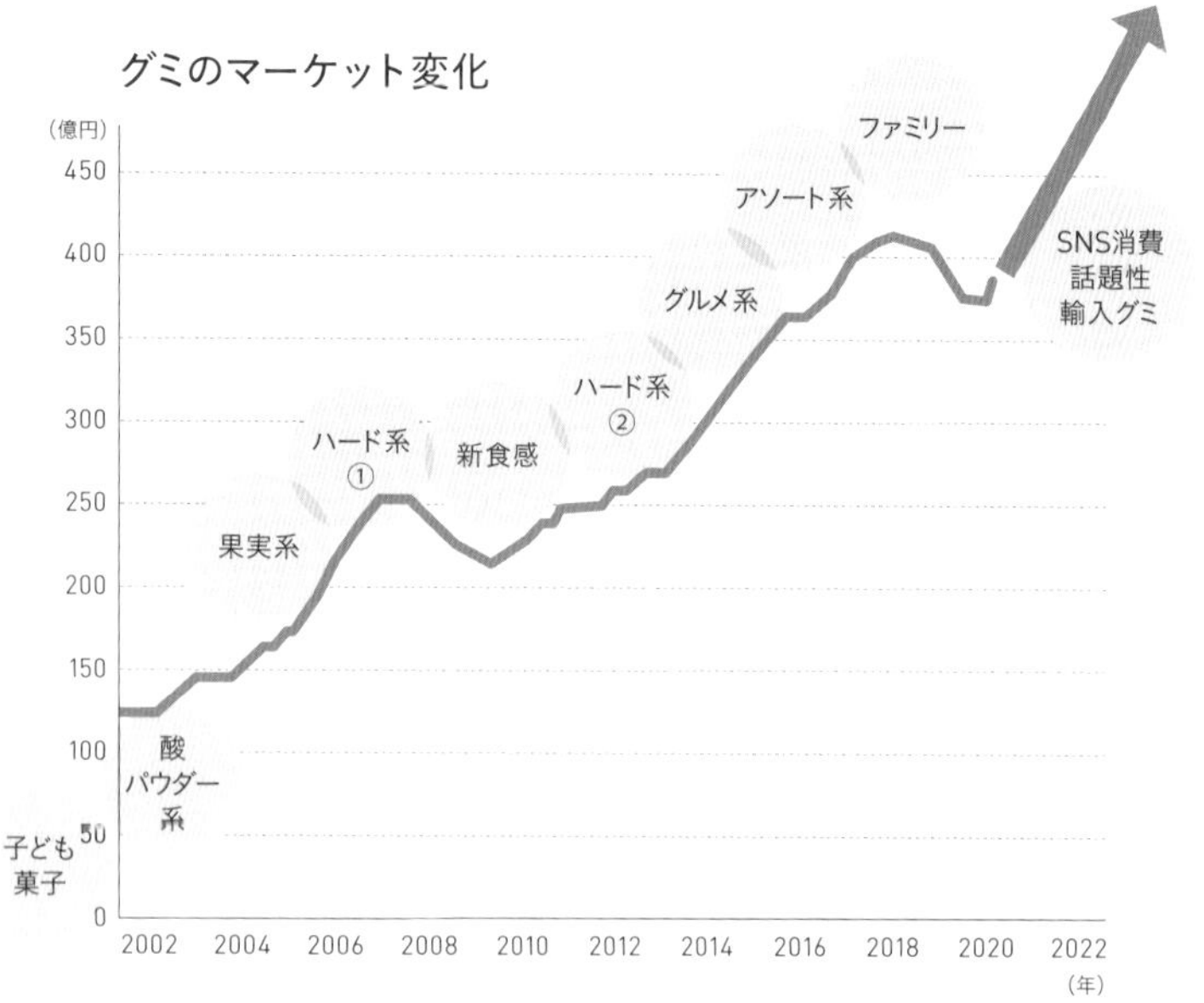

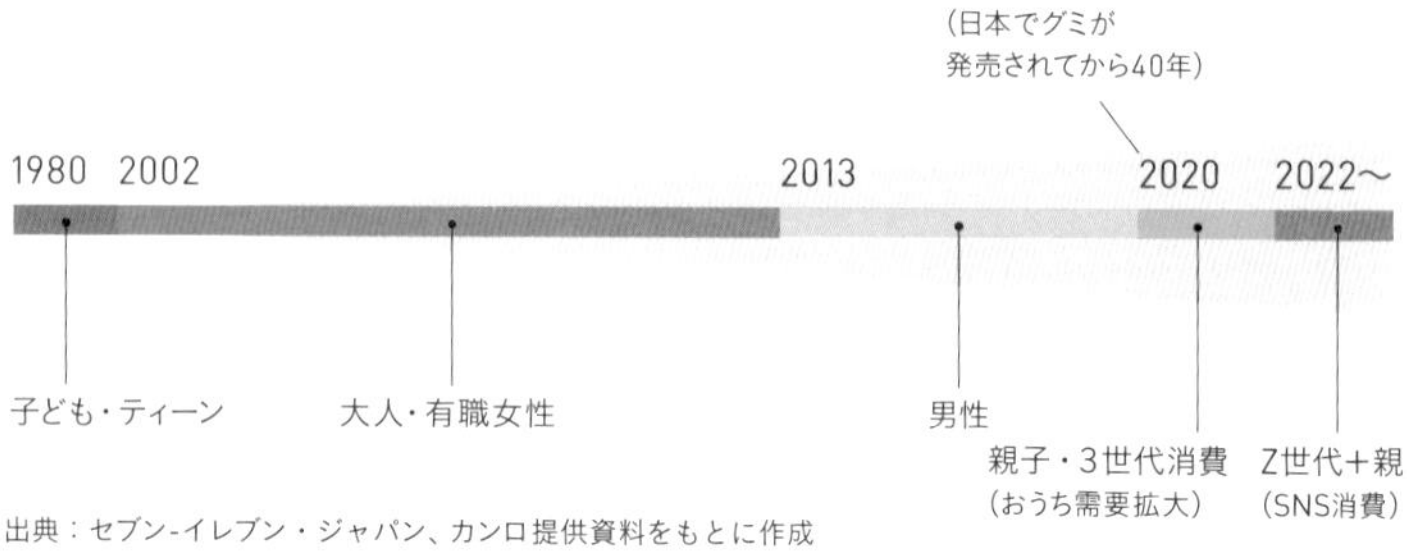

出典：セブン-イレブン・ジャパン、カンロ提供資料をもとに作成

グミ市場は40年間成長を続け、
新たなユーザーも継続して獲得している

沿った露出により、売り上げは計画比7割増を果たした。

また、JR東京駅構内グランスタ東京にある直営店「ヒトツブカンロ」と、自社ECサイト「Kanro POCKeT」限定で取り扱う「グミッツェル」も人気だ。パリパリとした食感とグミのしっとりとした食感が特徴。動画共有サイト「YouTube」で、咀嚼《そしゃく》音を楽しむASMR動画（視覚や聴覚に刺激を与えて脳に心地よく感じさせる動画）が相次いで公開され、認知度が向上した。

ドイツのグミブランド「Trolli（トローリ）」の「Planet Gummi（プラネット グミ）」。大陸が描かれた丸いケースに入っており、その見た目から「地球グミ」と呼ばれて話題となり、1袋4個入りで500円以上するにもかかわらず、品切れになるほど人気となった。

グミはコミュニケーションツール

グミをコミュニケーションツールとして使う若者も多い。都内私立大学に通う4年生の女性（21）は「コロナ禍で大学に行けずに友達ができなかった。大学にようやく通えるようになったとき、友達づくりのきっかけとしてグミをプレゼントしたりした」と話す。

野村総合研究所によると、若者（20～30代）の3分の1が「気にかけられたい」「話しかけられたい」と思っている（2023年調査）。コロナ禍で孤独を感じた若者も多く、その数は減ってきているものの、新しい友人ができなかったり、知人と疎遠になってコミュニケーション面で悩みを抱えていたりする人も多い。

「『他愛のない話をする機会』は、自然発生的なものが望ましいものの、それらが少ない環境（例えば、在宅勤・学習が依然として多い若者など）では、意識的かつ定期的に機会を提供することが求められる」（野村総研）。仲良くなりたかったり、ちょっと話しかけたりするきっかけとしてのグミの存在。大阪のおばちゃんの「飴ちゃん」ならぬ「グミちゃん」で仲良くなるという、リアルなコミュニケーションにグミが一役買っている。

小売り側の反応

調査会社インテージの市場規模データによると、販路別では、コンビニエンスストアが350億円（2021年比23・7％増）で最大のグミの販売チャネル。これに食品スーパーが291億円（同20・3％増）、ドラッグストアが119億円（同24・8％増）で続く。

では、商品別の売れ行きはどうなのか。日経POS情報の、2022年9月〜2023年8月の販売ランキングによると、関東のコンビニエンスストアでは、カバヤ食品の「タフグミ」がトップで、明治の「コーラアップ」、ハリボー「ゴールドベア」、ノーベル製菓「男梅グミ」、カンロ「ピュレグミ　グレープ」が追う格好だ。また、全国のスーパーマーケットでは、ハリボーの「ゴールドベア」がトップ。これにカバヤ食品の「タフグミ」、明治の「ポイフル　エンジョイパック」、同じく明治の「果汁グミ　ぶどう」が続いた。

グミは食感やフレーバー、色、形が自由に変えられ、乳酸菌やビタミンなど、様々な成分を配合できる点が魅力だ。その分、グミはSKU数が多く、上位のシェアもスーパーマーケットでは2％未満なので、順位の入れ替わりが激しい。

ここ数年、ハード食感のグミが人気になっている。通常よりも大粒の立方体のグミで、かみ

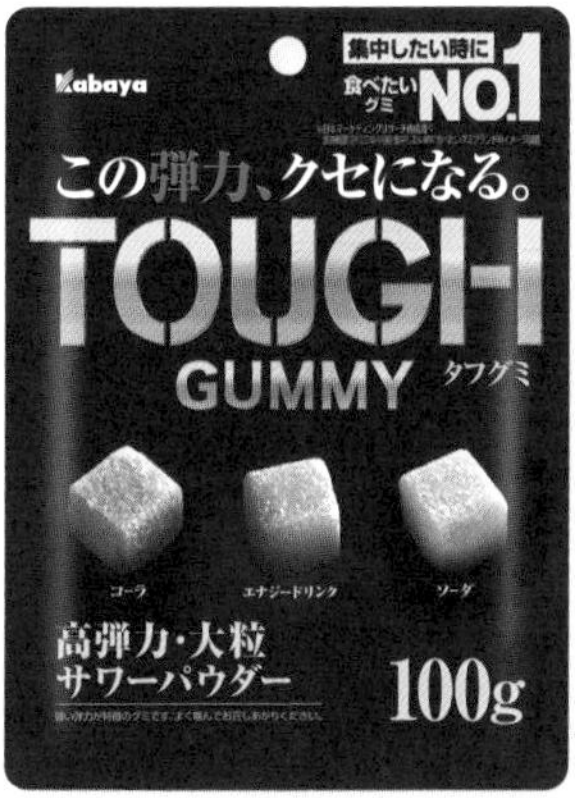

タフグミ（カバヤ食品）

カンデミーナグミ スーパーベスト（カンロ）

ごたえのあるカバヤ食品の「タフグミ」のほかにも、カンロの「カンデミーナグミ　スーパーベスト」、UHA味覚糖「忍者めし鋼　コーラ味」などがランキング上位に入った。「カンデミーナグミ　スーパーベスト」は、かむ方向によって食感が変わるように、形を波状にするなど工夫を凝らしている。

好調が続くグミ市場に対して、小売り各社も売り場を広げている。セブン‐イレブン・ジャパンは段階的にグミの陳列量を増やしており、1本の棚すべてをグミが占める。コロナ禍前の2019年に比べると2倍に達する。定番商品のほか、甘くないグミなど商品数を増やした。プライベートブランド（PB）では、グミをチョコレートでコーティングした「チョコっとグミ」を2023年4月から売り出すと、新食感が支持を集め、SNS上で話題となった。

9月3日は「グミの日」

セブン‐イレブン・ジャパンは、9月3日の「グミの日」には2023年から専用のPOP（店頭販促）広告を用意した。同社の宮賢二さん（商品本部シニアマーチャンダイザー）は「やっぱりグミ人気が広がった理由は食感や形、色などの自由度があるから。それがましてやSNSで映える。どんどん新しいブランドが登場し、販売すれば売れる状況。自分用と子ども用を購入するお客様も多く、客単価の上昇にもつながっている」と話す。

グミの日POPが展開されている、セブン-イレブンの売り場（提供：セブン-イレブン・ジャパン）

2023年9月19日にはカンロと組み、空想上の果実をグミで表現した「空想果実　キラスピカの実」を数量限定で発売した。第1弾の「空想果実　キラスピカの実」は、寒地に分布する空想上の果実〝キラスピカの実〟を表現した。神秘的な甘みとやや酸味のある味わいで、ふぞろいな形とグラデーションのような色合い。パッケージには図鑑のような説明と発見者のコメントが記載されており、どんな味なのか好奇心をくすぐるデザインに仕上げた。

食品スーパーも品ぞろえ充実

食品スーパーのライフコーポレーションでは、2022年10月に開業したビエラ蒔田《まいた》店（横浜市）で、既存店舗の3倍にあたる170商品のグミをとりそろえた。目を引くような売り場も

関東のコンビニエンスストアにおけるグミ売上ランキング
（2022年9月～23年8月）

順位	メーカー	金額シェア
1	カバヤ　タフグミ　100 g	5.7%
2	明治　コーラアップ　グミ　100 g	4.5%
3	ハリボー　ゴールドベア　80 g	4.5%
4	ノーベル　男梅グミ　袋　38 g	4.1%
5	カンロ　ピュレグミ　グレープ　56 g	3.8%
6	明治　大粒ポイフル　グミ　80 g	3.5%
7	明治　ラムネアップ　グミ　100 g	3.4%
8	味覚糖　忍者めし　ラムネ　グミ　20 g	2.3%
9	味覚糖　忍者めし鋼　コーラ味　50 g	2.0%
10	明治　果汁グミ　ぶどう　54 g	1.9%
11	ブルボン　フェットチーネグミ イタリアングレープ味　50 g	1.8%
12	カンロ　ピュレリング　63 g	1.7%
13	不二家　アンパンマン　グミ　ぶどう　6粒	1.5%
14	春日井　つぶグミプレミアム　濃厚ぶどう　75 g	1.4%
15	味覚糖　氷グミ　ソーダ味　40 g	1.3%

※ g はグラム。

出典：日経POS情報

全国のスーパーマーケットにおけるグミ売上ランキング
(2022年9月～23年8月)

順位	メーカー	金額シェア
1	ハリボー　ゴールドベア　80g	1.8%
2	カバヤ　タフグミ　100g	1.7%
3	明治　ポイフル　エンジョイパック　9袋　126g	1.6%
4	明治　果汁グミ　ぶどう　54g	1.5%
5	カンロ　ピュレグミ　グレープ　56g	1.5%
6	カンロ　カンデミーナグミ　スーパーベスト　72g	1.4%
7	明治　コーラアップ　グミ　100g	1.4%
8	不二家　アンパンマン　グミ　ぶどう　6粒	1.4%
9	ノーベル　男梅グミ　袋　38g	1.3%
10	味覚糖　水グミ　巨峰　40g	1.3%
11	カンロ　ピュレグミ　レモン　56g	1.3%
12	明治　果汁グミ　アソート　136g	1.2%
13	明治　果汁グミ　温州みかん　54g	1.2%
14	ロッテ　ポケットモンスター　ポケぷに　グミ　80g	1.2%
15	明治　果汁グミ　マスカット　54g	1.2%

※gはグラム。

出典：日経POS情報

全国のスーパーマーケットにおけるメーカー別シェア（2022年9月〜23年8月）

順位	メーカー	金額シェア
1	明治	18.2%
2	カンロ	11.6%
3	UHA味覚糖	10.9%
4	カバヤ食品	8.6%
5	ノーベル製菓	8.5%
6	バンダイ	7.8%
7	ブルボン	6.4%
8	ドイツ製品	5.5%
9	春日井製菓	3.6%
10	不二家	3.4%
11	全国農協食品	2.0%
12	ロッテ	1.7%
13	エス・エス・ビー	1.5%
14	ハート	1.1%
15	オーストリア製品	0.9%

※ハリボーはドイツ製品、
オーストリア製品などに該当する。

出典：日経POS情報

全国のコンビニエンスストアにおけるメーカー別シェア（2022年9月〜23年8月）

順位	メーカー	金額シェア
1	明治	20.8%
2	カンロ	18.1%
3	UHA味覚糖	15.4%
4	カバヤ食品	11.3%
5	ブルボン	7.2%
6	ノーベル製菓	6.2%
7	ドイツ製品	5.5%
8	不二家	3.5%
9	春日井製菓	2.9%
10	バンダイ	1.7%
11	ハート	1.4%
12	トルコ製品	1.4%
13	アイデアパッケージ	0.9%
14	ロッテ	0.7%
15	中国製品	0.6%

※ハリボーはドイツ製品、
オーストリア製品などに該当する。

出典：日経POS情報

つくった。例えば、全国農業協同組合連合会（ＪＡ全農）が各地の特産フルーツを原料に使った「ニッポンエール」シリーズは、約30種類を取りそろえて存在感を高めた。

こうした動きの中、実際に小売りのバイヤー（仕入れ担当者）が主要商品をどのように評価しているかが気になるところだ。そこで、『日経ＭＪ』が主要５社９ブランドを対象に、食品スーパーのバイヤーにアンケート調査した結果（１４１社中38・４％に当たる54社が回答）を紹介したい（２０２３年５月17日付）。

バイヤーが重視するのは「味」「パッケージ」「コンセプト」

それによると、バイヤーが最も重視するのは「味」で85％、２位は「パッケージ」で61％、３位は「商品コンセプト」で59％だった。今後の仕入れ量は「増やす」方向が83％、「減らす」方向はゼロだった。重視すべき点としては「楽しさ・面白さ」や「遊び」といった消費者に驚きや面白さを提供できる商品や、「美容・健康・ダイエット」など付加価値を求める声もあった。

「果汁グミ」がトップ評価、「ピュレグミ」「タフグミ」続く

こうした評価基準のもとで、商品別では、明治の「果汁グミ」が総合評価２１１点で最高の評価を得た。14種類の項目別のうち、「リピート購入率」（65％）、「ブランド力」（72％）、「パッ

ケージ」（56%）など7項目でトップ。製品重量と同重量の果汁を濃縮、配合した「果汁100」をうたい、食べたときの濃厚な果汁感がリピーターをつくり出す。2023年7月に発売35周年を迎えるなど、定番商品として愛されてきた実績がブランド力につながり、果物を前面に出したパッケージの見た目もわかりやすく支持を得た。

2位はカンロの「ピュレグミ」で204点だった。項目別では「味」が69%でトップ、「パッケージ」（56%）と「値上げ後も選ばれる商品価値」（39%）は「果汁グミ」と同率首位と4項目で最高評価を獲得した。すっぱさを感じるパウダーとフルーツの甘さが融合し、全体としてちょうど良い甘ずっぱさを感じられる味が支持された。レモンなどの定番3商品に加えて、ゆず&みかん味など季節限定品も投入し、需要を開拓している。

続く3位は183点を獲得したカバヤ食品の「タフグミ」。コーラ、ソーダ、エナジードリンクなど刺激の強いイメージのあるフレーバーをそろえたのが、「果汁グミ」や「ピュレグミ」と対照的。ゼラチンの種類や配合比率などによって実現した高弾力、大粒、刺激的な味わいのサワーパウダーがこだわりのポイントだ。独特な商品戦略によって、項目別では「ネーミング」（46%）と「商品コンセプト」（74%）などがトップ。商品コンセプトは2位との差が26ポイントと圧倒的な力を見せた。

4位は173点でカンロの「カンデミーナグミ」。こちらも商品名のわかりやすさから「ネー

ブランド採点表（網掛けは項目でのトップを示す）

	果汁グミ（明治）	ピュレグミ（カンロ）	タフグミ（カバヤ食品）	カンデミーナグミ（カンロ）	フェットチーネグミ（ブルボン）	アンパンマングミ（不二家）	ポイフル（明治）	しゃりもにグミ（ブルボン）	コーラアップ（明治）
総合評価	211	204	183	173	172	171	155	152	152
味	67	69	33	30	44	6	33	35	32
パッケージ	56	56	35	33	37	43	32	28	30
商品コンセプト	43	28	74	48	44	37	24	33	30
リピート購入率	65	54	41	33	39	39	28	24	24
利益率	9	9	26	11	22	13	9	13	6
ブランド力	72	57	19	32	39	46	46	15	44
ネーミング	44	33	46	46	33	20	30	35	28
ターゲット設定	28	32	50	19	24	70	20	22	26
素材・製法	30	32	39	22	41	6	32	48	13
値上げ後も選ばれる商品価値	39	39	32	17	17	33	15	15	7
香り	50	48	7	19	20	4	13	19	13
テレビCMなどの広告・宣伝	20	17	4	0	13	2	2	4	0
消費者キャンペーン・イベント	7	4	2	6	6	4	0	4	2
POPなど店頭販促物	11	15	4	7	6	4	2	2	0

出典：『日経MJ』 2023年5月17日付

ポイフル（明治）

果汁グミ ぶどう（明治）

ミング」で「タフグミ」と同率首位となった。

メーカー評価は明治がトップ

一方、メーカー別で首位に立ったのが明治で179点を獲得した。大手企業の強みでもある「商品供給体制」（46％）や「企業イメージ」（63％）などで最高評価。「果汁グミ」のほかにも「ポイフル」など、小売店での定番商品を多く抱える企業として「商品構成（ラインアップ）」（59％）もトップだった。

2位はカンロで177点と、明治に2ポイント差と肉薄した。項目別では、話題となる商品をつくることによる「市場の話題作り・活性化への貢献」（43％）や「新商品の開発力」（56％）で首位となった。季節限定品などの商品を開発する力や拡散力が、メーカーの強みとしても支持

ピュレグミレモン（カンロ）

された。

　3位はブルボンで169点。小売店などに対する営業体制の充実が、バイヤーに支持されている。「商品情報（改廃、売れ筋）の速さ・量」（33％）、「売り場での販促策の提案・店舗応援」（41％）、「営業担当者」（48％）が評価された。4位のカバヤ食品（156点）は「取引条件（仕入れ価格など）」（32％）が首位だった。

物価高騰の中でも支持を集めるグミ

　前節では小売りのバイヤーの評価を見てきたが、ひとつ見落とせない点がある。それは物価高騰の中で、グミも値上げが相次いでいるもの

メーカー採点表（網掛けは項目でトップ示す）

	明治	カンロ	ブルボン	カバヤ食品	不二家
総合評価	179	177	169	156	146
取引条件（仕入れ価格など）	24	9	30	32	22
新商品の開発力	32	56	52	26	13
市場の話題作り・活性化への貢献	24	43	30	30	9
商品供給体制	46	33	35	41	37
商品構成（ラインアップ）	59	48	37	17	9
ブランド育成力	56	50	33	28	24
商品情報（改廃、売れ筋）の速さ・量	32	24	33	17	19
売り場での販促策の提案・店舗応援	24	20	41	24	33
営業担当者	37	26	48	41	33
企業イメージ	63	52	37	35	44

出典：『日経MJ』 2023年5月17日付

の、需要が落ちていないということだ。ＪＭＲ生活総合研究所の川島史博さんは「グミは〝値上げ耐性〟があるカテゴリーだ」と分析する。

その理由は、消費者が「この商品はこのくらいの価格だ」と考える「参照価格」にあるという。川島さんは「今、消費者の中の参照価格をいかに上げるか、という点が、値上げ局面でポイントになっている。消費者は、この商品ならだいたいこの値段といった『参照価格』を持っている。実際に購入するのは特売の価格に決めているといった具合。最近の値上げでダメージを受けているのが、参照価格のイメージが強いコモディティ商品（日用品）だ。いつの間にか自動販売機の商品の値段も１５０円だったのが、値上がり。財布の紐が固くなる中で、コモディティ商品は厳しい状況に直面している。だが、グミはまだまだ新しいカテゴリー。新商品がどんどん出てきていて、そもそもの参照価格がつくられにくい」と言う。

メーカー各社が付加価値を強化

あるメーカーの関係者も、価格政策について「直近この1年半くらい、世の中は原料高騰による値上げブーム。だが、グミはそれを抜きにしても、昔はそれこそ60円とか１００円くらいまでのお菓子だったのが、もうこの値上げブームの前から２００円くらいのグミとかが普通にある。機能性成分を入れたサプリメントタイプや、ギフト向けは３０００円くらいのものもある。50グラムを100グラムにして200円で売ろう、みたいなこともやってきた。業界全体で付加価値をつけて、単価アップを必死になってやり続けてきたカテゴリーなのかなと思う」と説明する。

実際、500円以上する「地球グミ」は、セブン‐イレブンでもばか売れした。高単価商品の販売のひとつのポイントは付加価値化だ。グミはそれにうまく取り組んできた。

「例えば健康や『忍者めし』のような小腹満たしといった価値、あるいは、『UHAグミサプリ』のような栄養など、色々な付加価値をつけ、買う理由を呼び起こし、価格以外の価値を上げてきた」（伊嵜《いざき》峻平さん＝JMR生活総合研究所）。つまり、コンビニなどで買うと「随分単価が高いな」と思われる商品であっても、消費者が手を伸ばす存在になっているのがグミだ。

機能だけでなく、情緒的価値を求める消費者

前述のようにコモディティ化したカテゴリーは値上げによって、従来の参照価格より高くなって売り上げが落ち込んでいる商品も多い。一方で、グミは参照価格がまだ確立されておらず、機能性などの付加価値が上乗せできるカテゴリーとなっている。

セブン‐イレブン・ジャパンの宮賢二さんは「菓子は衝動買いが約75％と言われている。ほかの食品では5割いくかいかないか。これだけ価格に敏感な時期、かつ健康志向と言われてい

る中で、甘くてカロリーが高い菓子は、正直買わなくてもいいカテゴリーに思える。しかし、何か違う。新しいものを食べたいとか、話題になっているものを食べたいとか、そうした情緒的な部分を消費者は求めている。今、セブン‐イレブンではキャンペーンやプロモーションに力を入れているが、『グミの日』もその一環。プラス1個でも衝動買いにつながってくれる存在が必要で、そのひとつが今はグミになっている」と話す。

忍者めし 梅かつお（UHA味覚糖）

チルバイツ（明治）

かむことと健康の関係

食の欧米化などの影響で、日本人の食事時の咀嚼回数は減少している。かむことによる脳の活性化、口腔《こうくう》内への好影響など、以前から知られるオーラルフレイルという言葉にもある通り、口の機能低下は要介護への入り口。グミをかむことで、かむ力が回復することをアピールするメーカーもある。

食べものをしっかり「かめる」こと自体、認知症予防に効果がある。認知機能とかむ能力には相関関係があることが韓国やスイス、ドイツなどで2019〜2020年に報告されている。都内のある歯科医は「しっかりかむために大事なのは、健康な歯を持つこと。かむことで脳の血流がよくなり、脳が活性化する。さらにかんだり、味わったり、食感を楽しんだりする感覚は、脳をより強く刺激してくる」と話す。

機能性素材の開発・製造などを手掛ける林原（岡山市）が主催した「口の健康、アンチエイジング」をテーマにしたセミナー（2022年3月7日開催）で、鶴見大学歯学部の斎藤一郎教授は「食べる、話す、笑う、歌うなど様々な機能で使う『口』。人は口から老いるとされ、口腔機能の軽微な衰えであるオーラルフレイルは老化のサイン。75歳以上の死因の1位は誤嚥《ごえん》性肺炎であり、嚥下《えんげ》障害や口腔機能の低下は、全身的な健康を損なう恐れがある」と、口の健康を維持する重要性を説いた。

また、近藤歯科医院（東京・大手町）の近藤紀之院長は「歯の数と健康は紛れもなく関係があります。歯の数が少なくなると、咀嚼効率が低下したり食べる楽しさがなくなったりします。口腔機能低下症を予防するには複合的要素がありますが、そのひとつとして意識して咀嚼することが大切です」と話す。

ソフトなグミは「リラックス」、中程度のグミは「やる気が出る」、ハードになるほど「覚醒感」――。明治は2022年に開かれた「第24回日本感性工学会大会」で、かみごたえが異なる3種類、2つの風味のグミを摂取した後の心理計測を実施し、グミのかみごたえと摂取後に想起される心理状態（感性）の関係をつきとめた。

同社は、独自実験装置「ORAL-MAPS／オーラルマップス®」を活用し、「かむこと」を科学的に分析し、食の新しい価値を創造することに取り組んでいる。同装置は、食べ物が咀嚼によってどのように処理されていくのか、一連の過程を観察するための実験装置。弾力のある食感が魅力のグミで、その咀嚼に要する力のレベル分けをし、数値化することで「かみごたえ」を見える化した。

かみ心地を客観的な指標で判断できるようにするため、「人の感覚」「咀嚼中に受ける力」「かみちぎりやすさ」の3つの指標を総合的に評価し、グミのかみごたえを6段階に分けたかみごたえチャートを設定。これらの情報を新たに開設したサイトを通じて発信している。

ライオンは日本大学松戸歯学部と共同で、硬性グミの継続摂取によって児童の咀嚼力や口唇閉鎖力（口を閉じる力）など、口腔機能の向上を確認した。6～12歳の児童26人に硬性グミ摂取による口腔機能への影響を調べた。1日1回（2枚）、4週間にわたって硬性グミを継続摂取してもらったところ、摂取後は咀嚼力や口唇閉鎖力、咬合力《こうごう》（奥歯でかみしめる力）の向上が示唆された。

ブルボンは2023年8月、武蔵丘《むさしがおか》短期大学との共同研究で、ゴルフプレー中にグミを継続的に摂取すると、プレー後半の疲労軽減や集中力維持につながることを確認したと発表した。論文誌『Nutrients』に掲載された研究で、男性ゴルファー12人を対象に、「フェットチーネグミ　イタリアングレープ味」を摂取したグループとしないグループに分け、調査した。1ホールごとに4粒ずつ摂取したグループは、6ホール以降に主観的な疲労度が低く、18ホール後に主観的な集中度が高いことがわかったという。

ガム最大手のロッテは2014年、「噛むこと研究室」を社内に設置し、咀嚼が知的能力や運動能力に与える影響について情報発信を進めている。

第2章

消費者の声から読み取る「グミ」とは

グミは誰が食べているか？

グミは誰が食べているのか——。消費者調査の結果を紐解くと、グミは決して子どもだけのお菓子ではない。幅広い層がグミを食べている。それもZ世代が発信源となり、その上の世代へ波及したり、親から子どもへと食べつながれたりしている。その逆もしかり。実際、ガムユーザーだった50代後半の筆者もグミの虜《とりこ》。ハリボーのパッケージに書かれている「〝Haribo macht Kinder froh und Erwachsene ebenso〟（ハリボーは子どもたちを、そして大人も幸せにする）」はまさに、それを象徴している。

大人たちの心をつかむグミ

インテージ全国消費者パネル調査データ（SCIーデータ、15〜79歳）によると、2017年1月〜6月に544円だったグミの年間購入金額は2023年1月〜6月直近では680円まで増加した。年代別では、15〜29歳では男性が653円、女性で714円、30〜44歳は男性796円、女性704円、45〜59歳が男性703円、女性645円などとなっており、幅広い年代で購入されていることがわかる。特に30〜44歳の購入金額が高く、2017年と2023年で伸び率を比較すると35・0％、39・9％で、全体の伸び（24・9％）を大幅に上回っている。

グミとガムを食べる頻度

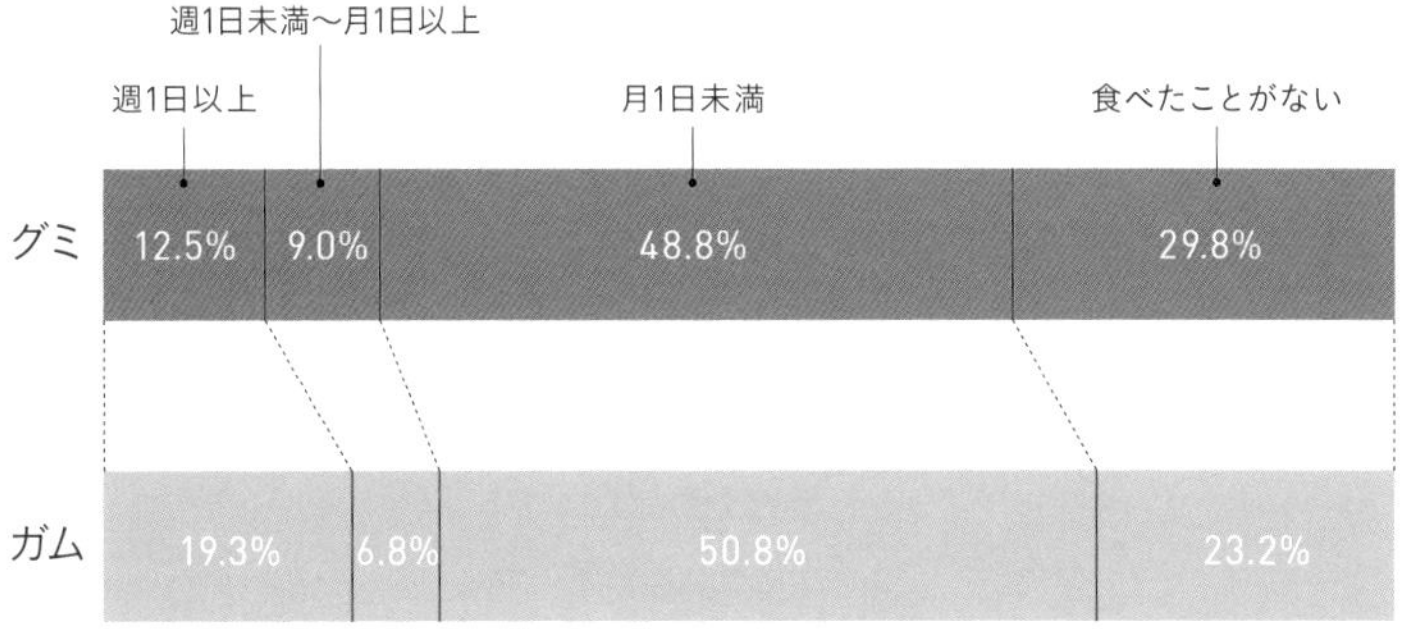

※調査期間：2023年５月12日〜15日、調査対象：20〜69歳男女個人971人、
調査手法：インターネット質問紙調査　　出典：ＪＭＲ生活総合研究所

また、ＪＭＲ生活総合研究所の調査（２０２３年５月）によると、過去１年間で月１日以上、グミを食べた人は、年代では20～30代、ライフステージでは子育て中といった若い層で多い。また、地域では東京で多い。ガムを見ると年代では30代、ライフステージでは男性の既婚子なし、地域では東京で多い。

明治が１９８８年に発売した「果汁グミ」がヒットし、子どもの菓子としてグミの地位を固めた。２０００年代に入り、おしゃれな形の商品が登場。大人の女性をつかむことで、グミは第２の成長期を迎えた。

消費者のうち、グミを年に少なくとも１回購入する割合は5割弱という調査データもあり、９割以上のチョコレートに比べると、まだまだグミの成長余地は大きい。セブン‐イレブン・

属性別1年内で月1日以上グミを食べた人

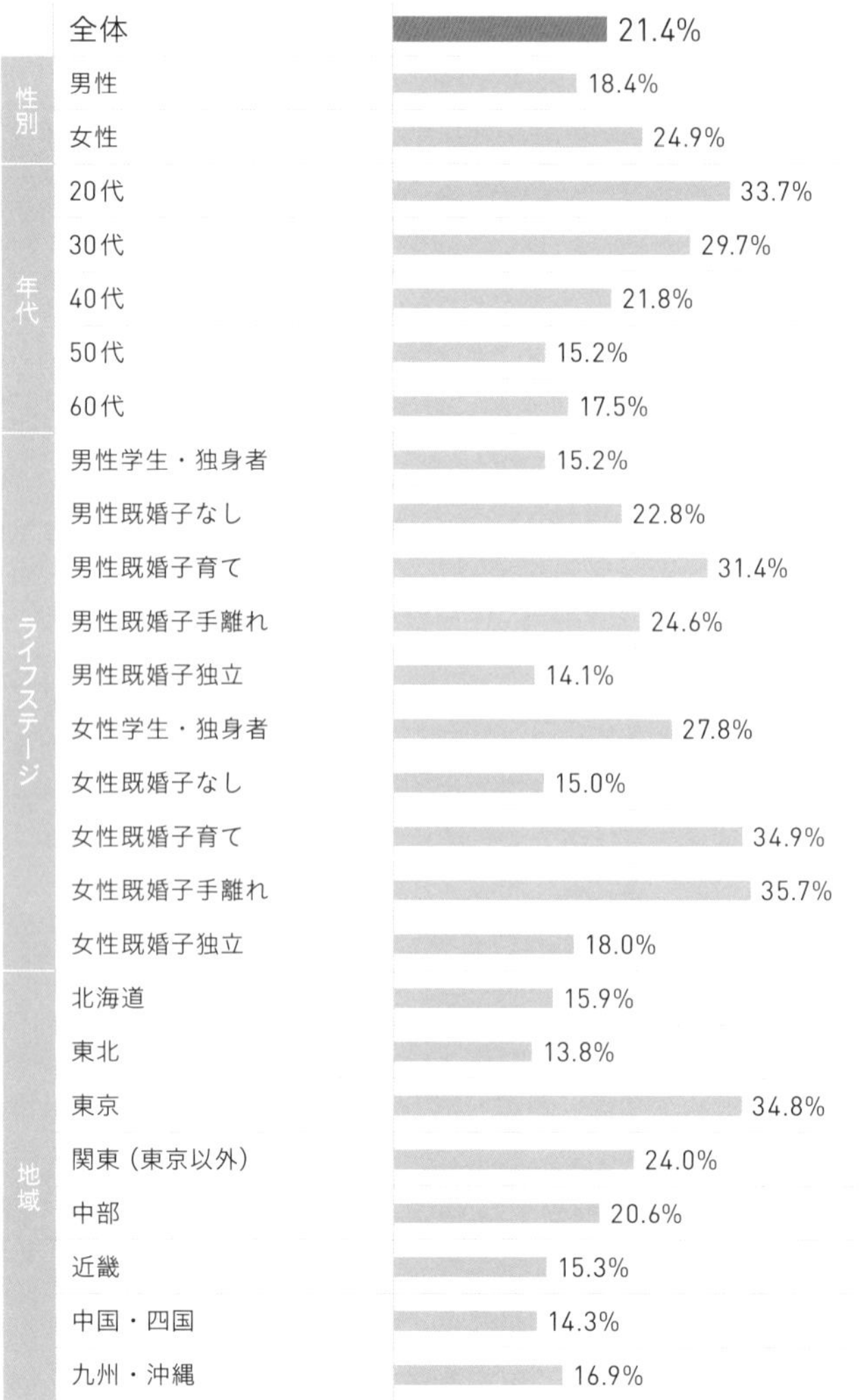

※調査期間：2023年５月12日〜15日、調査対象：20〜69歳男女個人971人、
調査手法：インターネット質問紙調査

出典：ＪＭＲ生活総合研究所

ジャパンやライフコーポレーション、コープさっぽろなどと取引のある、菓子卸のナシオの平元彦社長も「グミは製造過程で食感の変化など違いを出しやすい。今後も新商品が次々投入されることが予想される。食品スーパーなどでの取り組みの余地もあり、市場はさらに拡大するだろう」と見る。

20～30代の好感度が高いグミ

グミとガムを比較すると、需要層で一部に違いが見られる。JMR生活総合研究所の調査（2023年5月）によると、グミの方が20～30代でより食べられている。食べた理由の上位3つでは、グミは「おいしい」「かみごたえ」などの嗜好性、ガムは「口の中がすっきりする」などの機能性で高く、ニーズの違いがうかがえる。

年代別に好意度を見ると、グミでは20～30代で「非常に好き」が全体と比較して高い。今後の利用意向では、グミでは20～30代で高く、若い年代を中心に需要が拡大。60代で見ると、グミと比較してガムの今後の利用意向が高く、ガムの機能性を評価している。

なお、本書の独自調査では「グミは、ガムのように硬くならず、吐き出したりしなくていい」（大阪府の47歳女性）や「捨てるタイミングや場所を考えなくていい。だからガムからグミへ乗り換えた」（兵庫県の71歳の女性）という声もある。なお、独自調査の手法については後述する。

スナックやチョコレートと一緒に買われるグミ

グミはどんな商品と一緒に買われているのだろか。ＩＤ－ＰＯＳデータの収集・分析を手掛けるTrue Dataの上席執行役員、越尾由紀さんの協力を得て、ほかの商品との関係性を見るのに最も適している「バスケット分析（同時併買分析）」をしてみた。

その結果、グミ購入者全体では、「スナック」「チョコレート」「キャンディー類」を同時購入する人数・回数ともに多く、菓子として購入されていることがうかがえた。ガムとの併買率は低いが、人数、回数の併買リフト値(※)は高く、代用関係にあると見られる。

年代別に見ると、10代は「スナック」「チョコレート」「キャンディー類」だけでなく、「水産珍味」や「ラムネ」との併買が多い。併買リフト値も高いことから「かみごたえ」を重視している可能性がうかがえる。20代は「キャンディー類」との同時購入が多く、人数、回数ともに併買リフト値も高い。30代、40代は、「スナック」「チョコレート」「キャンディー類」との同時購入がリフト値を見ても高く、菓子としての購入ようだ。

また、併買者や回数自体は少ない「ラムネ」はどの年代でも人数、回数リフト値が高く、「かみごたえ」としてのニーズが似ている可能性はある。

一方、ガムはどうか。グミと違い「スナック」「チョコレート」との併買リフト値は高くない。

つまり、ガム特有の併買商品とは言えない。ガムとキャンディー類、ガムとグミについては、全体での併買者数が20位以内に入っており、人数、回数ともに併買リフト値が高い。その点では、ガムもグミも同じように、口寂しいときに食べたり、かむことで気分転換したりしたいニーズを満たしているようだ。

ガムを取り巻く社会環境の激変

あるガム業界のOBは、「減少の要因は決定的なものはなく、複合的なものではないか」と話す。グミが持つ嗜好性への支持が高まっていることは事実だが、ガムを取り巻く社会環境はこの10年間で様変わりしたからだ。

コロナ禍の前から「働き方改革」が叫ばれ残業時間が減少、その結果、リフレッシュシーンに使われる頻度は低下した。眠気覚ましのシーンでは、コンビニエンスストアを筆頭に100円程度で買えるコーヒーがより身近になり、カフェイン入りのエナジードリンクなども増えてき

※リフト値とは、マーケティング施策の効率性を示す指標。「lift（リフト）」は「持ち上げる」「高揚する」などの意味を持ち、マーケティング施策を実施したことで、実施しない場合と比較して、どのくらいの効果を得られたのかを示す指標になる。具体的には、ある特定の「商品A」を購入した人が、別の「商品B」も一緒に購入する確率の算出に用いられている。この場合、「Aが購入されるときにBも購入される確率（併買率）」を「来店者全体でBが購入される確率（買上率）」で割ったもの。リフト値が高い商品の組み合わせは、商品Aの購買によって商品Bの購買量が引き上げられていることを示す。リフト値が高いほど併買される可能性が高く、「ついで買いが期待される」と評価できる。

た。

スマートフォン（スマホ）の普及も無視できない。時間つぶしにガムをかむ習慣が減ったり、コンビニエンスストアなどでレジに並ぶ際にスマホ画面に集中したりして、「レジ周辺に陳列されることが多いガムを買わなくなったのではないか」（前出のOB）という見方もある。

SNSでは友人やインフルエンサーが日々投稿する。音楽や動画もいつでも楽しめ、ガムで気を紛らわす必要性が薄れている。実際、日本チューインガム協会の統計では、スマホが急拡大した2011〜2014年のガム市場の減少率が大きかった。

Z世代のSNS発信を、上の世代が注目

ガムの解説がやや長くなってしまった。グミ人気を語る上で、ガムとの比較がわかりやすいのでお許し願いたい。では、話をグミに戻そう。国内メーカー首位の明治の吉川尚吾さん（グローバルカカオ事業本部カカオマーケティング部カカオニュービジネスG長）は「グミ消費のけん引役は30〜40代女性」と語る。SNSとの親和性から、Z世代などもっと若い層かと思いきや、大人の女性がグミの主力購買層だという。多くの業界関係者は「Z世代は情報発信力があるが、購買力としては大きくない。発信を受けて、購買力がある上の層が実際に手にとっている」（平元彦さん＝ナシオ）という構図だと見る。

コラーゲンなどの健康イメージも

『日経MJ』の「グミ、大人女子つかむ」というタイトルの2018年2月2日付記事では、「グミで果汁などを固めるために使うゼラチンは、コラーゲンの一種。コラーゲンが美容や健康にいいというイメージから、女性の『言い訳消費』を誘っている」という解説もある。

グミもチョコレートなどと同様に糖分を多く含むが、コラーゲンが含まれるゼラチンが入っており、カロリーが若干少なめだ。本書の独自調査によると、「スナック菓子などに比べてヘルシーで罪悪感が薄れる」（大阪府の26歳の女性）、「チョコよりも罪悪感がないし、しかも溶けないから扱いやすい」（栃木県の29歳女性）らしい。さらに、「油分が少なくヘルシーで、弾力ある食感のため満足感があり、ダイエット向き」（静岡県の27歳女性）という声もあった。

持ち運びやすさや子どもへの与えやすさも

また、ガムはかみ終わりに口から吐き出すのが「所作」として美しくないと敬遠する女性も多く、口の中で溶けてなくなるグミは見た目を気にせずに済む。「弾力があるのに、ガムと違ってゴミが出ないため食べやすい」（埼玉県の39歳の女性）や「ガムに比べたらゴミを吐き出さなくてよく、〝ごっくん〟と飲み込めるから移動中に食べている」（山口県の43歳男性）など、ガムと比べてグミの食べやすさがうかがえる。

「ちょっと何か食べたいときにちょうど良い。持ち運びやすいし、子どもにも与えやすい」（福岡県の36歳女性）や「いとこの娘は離乳食にグミを与えている」（東京都の59歳女性）といった声もあり、子育て中の母親の中には、あごの発達を期待して子どもに買い与える人もいる。

バリエーションがつけやすいグミ

グミは成分の性質上、味、形、色、弾力などでバリエーションを設けやすい。「果汁グミ」（明治）や「ピュレグミ」（カンロ）、「コロロ」（UHA味覚糖）はジューシーな果物を食べている感覚に浸れ、子どもから大人まで万人受けする商品。硬めの食感が中心の海外商品との違いで、訪日客からも土産として人気を集める。マーケティングの世界では、女性がトレンドセッター（トレンドのけん引者）であり、女性の人気に男性が追いついていく傾向がある。女性の間での人気をきっかけに、「カンデミーナグミ」（カンロ）や「タフグミ」（カバヤ食品）のような硬さをより強調した商品が登場し、男性の間にもグミ愛好者が増えていった。

また、明治では今後のグミ市場について、「美味しさ、楽しさというところはそのままに、新しい食シーンをつくることに力を入れたい。まだまだ限定されたシーンでしか食べられていない。これまで食べていなかったようなシーンで、グミが登場する機会をつくっていきたい。

さらに、かむという健康価値、パッケージを含めた利便性、長期保存できることなどを研究しつつ、色や形、硬さを自由につくることができる特性を突き詰めていきたい」（高宮隆一さん＝研究本部商品開発研究所カカオ開発研究部４Ｇ長）と言う。

人口が減少するニッポンで、なぜグミは成長しているのか

日本は少子高齢化が進む。総務省が住民基本台帳に基づいて公表する人口動態調査によると、２００９年をピークに人口減少社会に入った。人口減少ということは「胃袋」の数が減るということを意味する。

２０２３年１月１日時点の人口（外国人除く）は前年比80万５２３人減の１億２２４２万３０３８人（総務省「住民基本台帳に基づく人口、人口動態及び世帯数」による）。減少幅は１９６８年の調査開始以来最大となった。ピークの２００９年の１億２７０７万６１８３人から４６５万３３１４５人減った。14年間で静岡県の人口を上回る胃袋が減った計算だ。住民票を持つ外国人は全国で２９９万３８３９人と増加傾向にあるが、日本人の減少を補う規模ではない。

日本の人口の推移

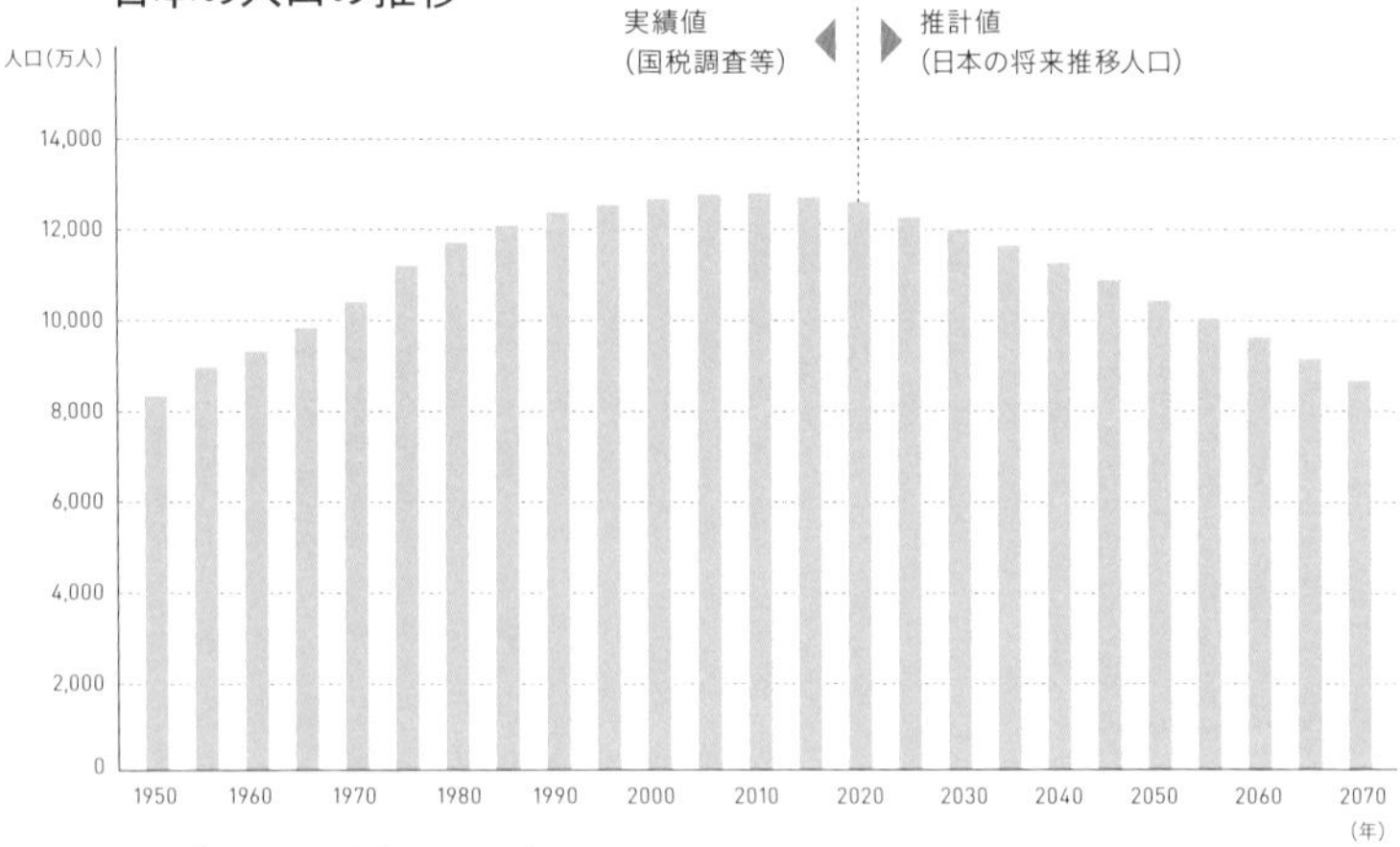

出典：「高齢社会白書（令和５年版）」

堅調さを保つ菓子業界

「縮むニッポン」で、食品産業も影響を免れない。前述の胃袋の減少だ。２０２２年の食料の家計消費支出（家計調査＝２人以上の世帯）は実質で前年比１・３％減となっている。エネルギーコストの上昇や値上げが続く一方で、実質賃金が伸び悩んだことで、生活者の節約志向が強まった結果でもある。

ただ、菓子は実質前年比２・５％増と堅調だった。菓子業界はスイーツブームが続いており、年間の消費支出は10年前の７万７７７９円から２０２２年は９万４３７３円と大きく伸びている。全日本菓子協会によると、２０２２年の菓子の生産数量は１９５万８８８７トン。この20年ほどは１９０万トン台で横ばい。消費額

人口ピラミッドの変化

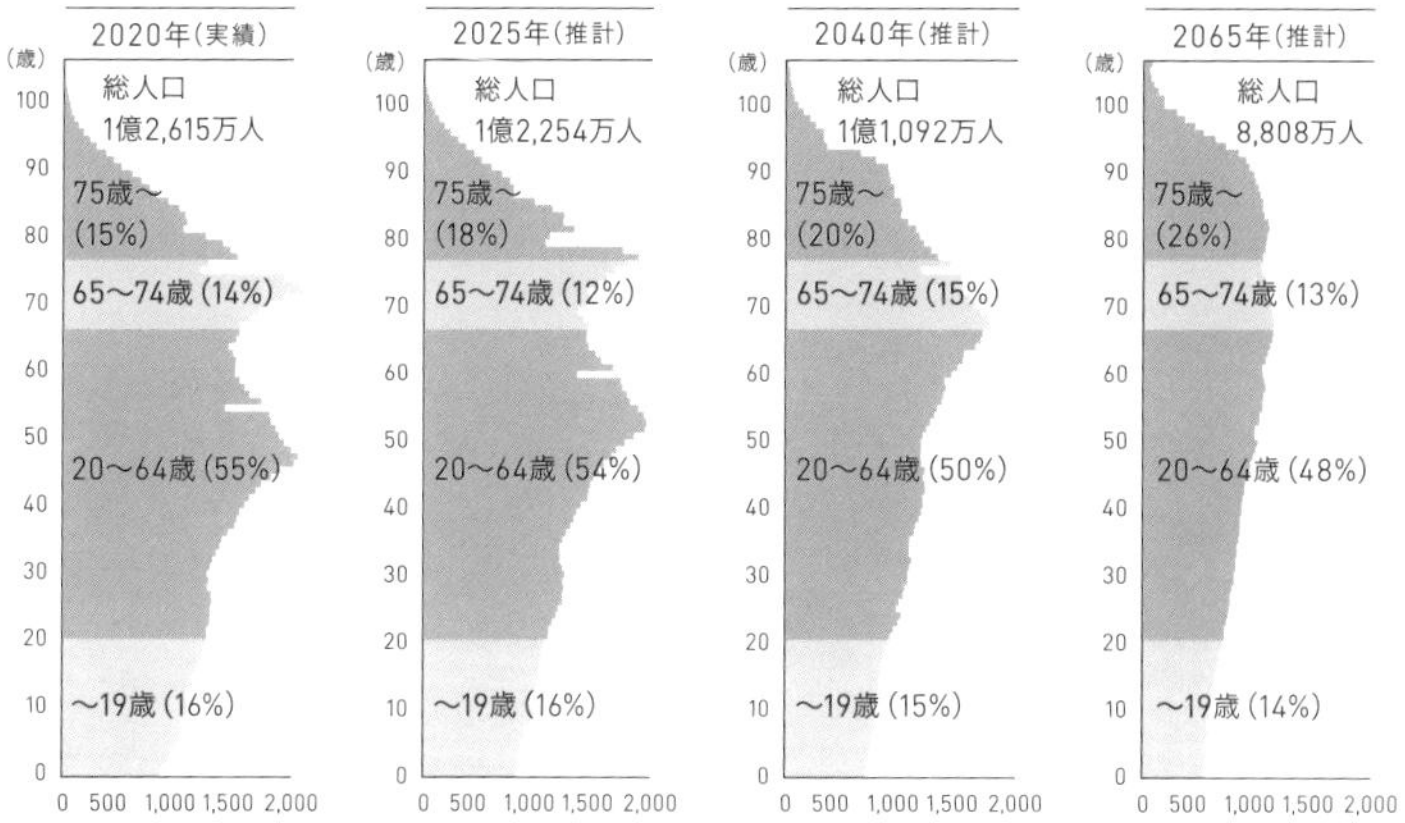

出典：「厚生労働白書（令和４年版）」

の増加は、菓子業界による高付加価値化の努力もうかがえる。

人口減少の影響は免れない

とはいえ、国立社会保障・人口問題研究所は、２０５６年に人口が１億人を下回り、２０５９年には日本人の出生数が50万人を割るとの予測を２０２３年４月に公表している。急速な少子高齢化に伴う人口減少の影響から、菓子業界も免れないのは確かだ。

またまたガムの話で恐縮だが、ガム市場の縮小は人口動態の影響も大きい。「（過去にガムをよくかんでいた）団塊の世代が大量退職して人と会う機会が少なくなり、口臭対策への利用が減ったことも大きい」と、ある菓子メーカーのマーケティング担当者は分析する。

団塊の世代とは1947年から1949年にかけて生まれた戦後のベビーブーマーだ。2022年の年間出生数は80万人を割り込んだが、この3年間は毎年260万人を超えた。この世代は消費ブームをけん引し、新しい食べ物にも積極的にチャレンジしてきた。しかし、2024年には全員が75歳以上、つまり後期高齢者となる。72〜75歳前後と言われる健康寿命を過ぎ、ほとんどの人が労働市場から「引退」している。さらに、彼ら・彼女らが、かつてに比べ食が細くなっていくのは確かだ。

ガムは、戦後、欧米から新しい文化として入ってきて、団塊の世代とともに成長してきたとも言える。機能性の強化など、需要開拓に取り組んできたものの、主な愛好者たちのライフサイクルと軌を一にした感は否めない。

ベネフィットが世代間で受け継がれるグミ

一方のグミはどうか。団塊の世代の子どもたち「団塊ジュニア」の幼少期の1980年代に登場し、団塊の世代には及ばないものの人口が分厚い層を取り込んだ。明治の「果汁グミ」の登場で市場が確立され、様々なメーカーが様々な新商品を投入。ジュニア達にとって思春期の「思い出の味」となっていった。ここまではガムの流れと同じだが、グミは親から子どもへと「おいしさ」などのベネフィット（商品から得られる価値、便益）がうまく伝わった点で、ガムと明暗を分け

世代を超えたグミの広がり

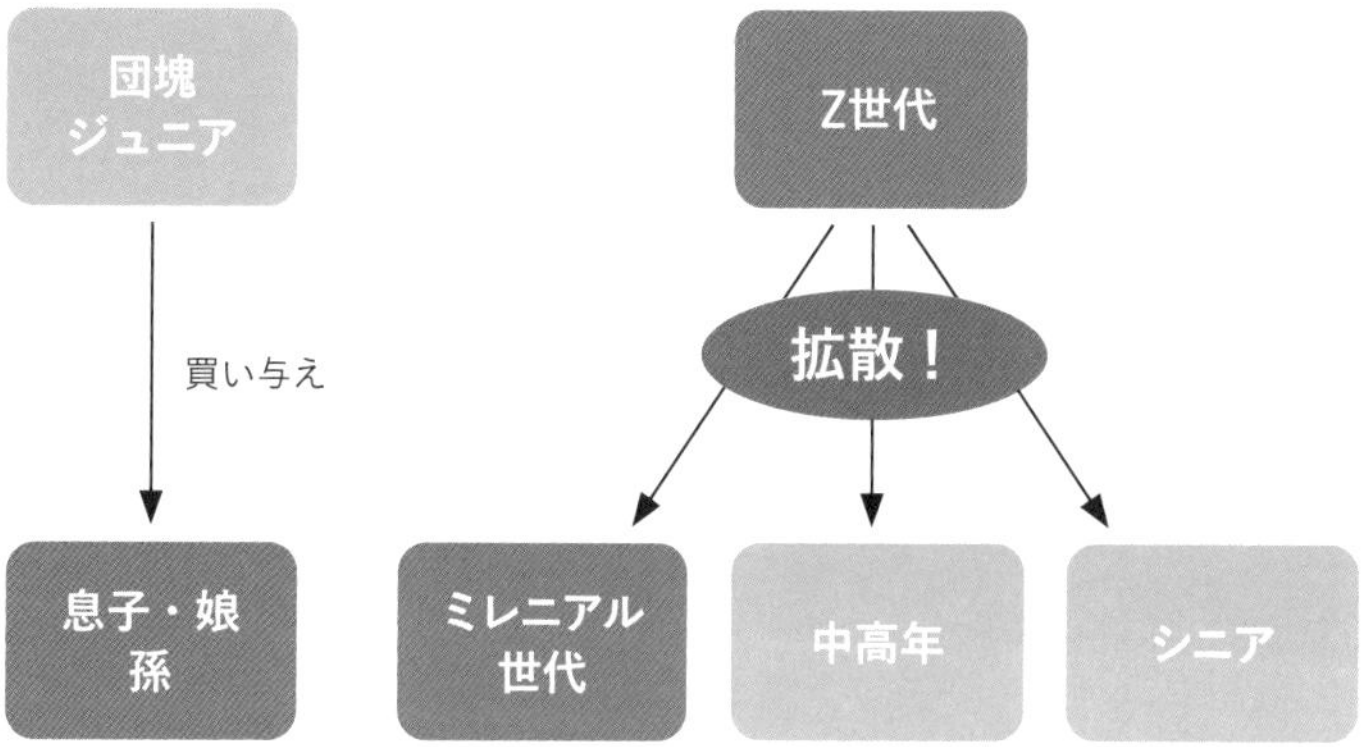

出典：筆者作成

たのではないだろうか。

それを説明する材料としては、前述の各種消費者調査のデータが象徴的だ。つまり、グミを食べているのは「年代では20〜30代、ライフステージでは子育て中といった若い層で多い」というデータだ。親の世代が食べたグミを、子どもに買い与えたり、食べさせたりしている実態が浮かび上がる。

実際、あるグミメーカーの担当者は「『果汁グミ』が強いのは、子どもが生まれて最初に食べるグミが『果汁グミ』というところ。調査でも、お母さんが最初に買い与えるグミが『果汁グミ』だというのが非常に多い。その子どもが大人になっても、そのまま『果汁グミ』を食べ続ける。つまりロイヤルユーザーになっていく流れがある」と話す。だから、『コーラアップ』や『果汁グミ』、『ピュレグミ』など、グミにはロングセラーが多いのもうなずける。

もちろん、子どもたちもグミが大好きだ。小学館が発行する小学校低学年女児向け情報誌『ぷっちぐみ』と、少女まんが誌『ちゃお』が実施した「遠足・校外学習」に関するアンケート調査（2022年7月）によると、遠足に持って行きたいお菓子は『ぷっちぐみ』『ちゃお』読者ともに1位は「グミ」（50％、42％）だった。「ラムネ」や「じゃがりこ」「ハイチュウ」などを抑えた。

世代間の垣根がなくなる「消齢化」

グミは幅広い層に支持されている。それに関連して興味深い視点がある。それは「消齢化」というキーワードだ。これは博報堂生活総合研究所が30年にわたるデータを基に打ち出したものだ。例えば、「ハンバーグが好き」「超能力を信じる」「夫婦はどんなことがあっても離婚しない方がよい」「木の床（フローリング）が好き」といった問いへの肯定否定の回答は、30年間で大幅に世代間の違いが縮小しているという。

理由はいくつかある。①生活インフラの充実により生活者の「できる」が増えた、②社会から「すべき」が減り、皆がそれにとらわれずに暮らすようになった、③嗜好や関心の面で「年相応」から離れ出した生活者の「したい」が重なった――などが指摘される。

甘いお菓子は、子どもや若い女性が食べるものといった「偏見」にも似たイメージは、完全に消え去っていることをグミ人気は証明している。

また、コロナ禍では「家族の絆」が注目された。家族がそろって食卓を囲むことが増え、共通の話題を探した。Z世代は親世代とも仲が良く、例えば映画『シン・ウルトラマン』や『トップガン マーヴェリック』は親子で観に行くケースも多かった。親世代がノスタルジーを感じ、Z世代は新しさを感じるコンテンツは効率がよい。バラエティーに富むグミも、世代を超えた家族の話題づくりやコミュニケーションのきっかけに打ってつけの材料だった。

より広い世代を取り込むマーケティング

マーケティングの世界では、ターゲットを絞り込むことが重要とされてきた。「誰に売るのか」が決まらなければ、商品の仕様や価格、流通戦略も決められない。しかし、人口減少社会の中で、特定の世代をターゲットにするだけでは、マスのヒットが生まれないというジレンマもある。だから、より広い層に受け入れられるような仕掛けで、一定のパイを確保することが、食品などの消費財のマーケティングで必要になっている。

百貨店の〝失敗〟に学ぶ

商品のロングセラー化や小売業の持続可能な発展にとって、顧客を次世代につなげていく

「承継」戦略がカギを握る。ガムはその承継につまずいた可能性がある。

承継ができなかった典型が百貨店だ。バブル世代までは百貨店に一種の憧れがあった。子どもの頃、親や祖父母に連れて行ってもらうときは、一番良い服を着せてもらい、屋上の遊園地で遊び、帰りは大食堂でお子様ランチを食べた――そんな「良い」思い出があったからだ。だが、バブル崩壊後の世代（団塊ジュニアも含む）は百貨店に対するそうした別格感は持っていない。親や祖父母に百貨店に連れて行ってもらった思い出はないし、郊外のショッピングモールの方が楽しかったり、おしゃれに目覚め始めた頃の憧れは、百貨店には入っていないビームスやユナイテッドアローズ（UA）だったりしたのではないか。

いまの大学生に「百貨店に行きますか」と聞いても「行かない」との答えが返ってくる。「行くとすればどこの百貨店」と無理して尋ねると、駅ビルの「ルミネ」や「アトレ」だという答えがあがった。そもそも、百貨店という呼び名が死語になっているし、デパートといった呼び方も大学生にとってはダサく聞こえるのかもしれない。

つまり、百貨店の世界観を企業側も伝えられなかったし、顧客である生活者が消費行動として百貨店に次世代を連れて行かなかった（経済的な理由から連れて行けなかった面もある）。デフレ不況も要因だが、１９９１年に10兆円に迫る規模だった百貨店市場が、今や半分の5兆円台になってしまった根本原因は「承継」戦略の失敗にある。

グミは「承継」に成功したカテゴリー

その点、グミは「承継」に成功している商品カテゴリーだ。カンロでは、より明確に世代承継を意識した商品戦略をとる。主力の「ピュレグミ」はF1層（20〜34歳女性）を狙った商品だが、子ども向けの「ピュレリング」と上質感のある「ピュレグミプレミアム」もラインアップする。『ピュレグミ』は、立ち上げ当時食べていた方が、ちょうど親世代になってきている。そうすると、自分たちが食べていた『ピュレグミ』だから、安心感を感じてもらえている。『ピュ

ピュレリング（カンロ）

ピュレグミプレミアム山梨産白桃（カンロ）

レグミプレミアム』は濃厚なおいしさの『ピュレグミ』。F1層よりも上の層、プチ贅沢をしたい、ちょっとお金にも余裕がある大人の女性をターゲットにしたシリーズとして展開している」と言う。

日本でのグミ登場時に子どもだった世代も、いまや40〜50歳代で、食べ慣れた大人が増えた。生まれたときから親しんできた「グミネイティブ」も多い。JMR生活総合研究所の消費者調査では、ライフステージ別では「男性の既婚子なし」でも月1日以上食べる人が多い。このことから、グミの存在感は増しており、ガムの次世代への「承継」を危うくしている様子が透けて見える。

「タイパ」と「代替需要」

コストパフォーマンス（コスパ）に加え、最近の生活者はタイムパフォーマンス（タイパ）を重視している。タイパは、Z世代を中心に急速に広がった用語でもある。事例として頻繁に挙げられるのが、録画した映画やドラマなどの動画を倍速で見る「倍速視聴」。デジタルサービスによるコンテンツ過多の環境下、Z世代をはじめとした若年層は、常に時間に追われている。

「タイパ」を重視する消費者

「深く理解できなくても、世間の動きや話題を網羅したい」「移動中などスキマ時間に見れば効率がいい」といった考え方から、時間対効果の高いショート動画や倍速での視聴を取り入れている。こうした動きを受け、音楽配信の世界においても、スキップされないようイントロにキャッチーなフレーズを盛り込んだ曲が流行《はや》るといった傾向も見受けられる。

効率的な時間の使い方を重視し「ながら見」など複数の事柄を同時並行するタイパ志向は若年層を中心に広がってきたものだが、「時短」志向とも相性が良く、現在は主婦層や共働き世帯に至るまでタイパ志向が拡大。それに伴い、動画視聴や音楽配信といったエンタメ領域だけでなく、家事の領域にもタイパを意識した商品やサービスが増加している。

「推し」以外は節約するZ世代

食の世界もタイパと無縁ではない。「約8割のZ世代には『推し』がおり、『推し活』にお金を掛けるため、それ以外を節約する傾向がある。食についてもゼリー飲料やグミなどで小腹を満たすような子も多い」と話すのはSHIBUYA109エンタテイメントの若者マーケティング機関「SHIBUYA109lab.」所長で、『SHIBUYA109式　Z世代マーケティング』の著書を持つ長田《おさだ》麻衣さん。グミ市場が2ケタ成長する中、ゼリー飲料も好調だ。「ｉｎゼリー」を手掛ける森永製菓は「考えるためのエネルギーといったところで、新しい需要が生まれてきている」としつつ、朝食と昼食の簡便化やスポーツシーンの動向を注視した取り組みを展開。２０２３年３月期の「ｉｎゼリー」の売上高は前期比14％増となり、過去最高を更新している。

共働き世帯や単身世帯の増加を背景に、弁当・惣菜などの中食市場は10兆円を超えるマーケットに成長したほか、食品スーパーやコンビニエンスストアの冷凍食品売り場が広がっており、今やタイパは、広い層にまたがる消費を象徴するキーワードになっている。

「代替需要」を取り込むグミ

タイパがよく、小腹を満たせるグミは「代替需要」を取り込んでいるとも言える。特に、果物の代わりにグミを食べる層が確実にいるということだ。

本書が独自に実施した消費者調査（８１５人回答）では以下のような声があがった。

・チョコレート類に比べたらヘルシーなイメージがある。バリエーションが豊富で、小腹が空いたとき、眠くなったとき、イライラしたときに食べたくなる（北海道の25歳女性）

・小腹が空いたときにちょうどいい。仕事中とかにリフレッシュになるのでよく食べてしまう

（大阪府の26歳女性）

・かみごたえがあって小腹が満たせるから好き。果汁が多く味も良いし、形もかわいい（岡山県の36歳女性）

・かみごたえがあって小腹満たしになる（栃木県の40歳男性）

・口寂しいときに食べられる。持ち運びに便利（鹿児島県の52歳女性）

・味がおいしいから。フルーツを食べているみたいだから（神奈川県の44歳女性）

・最近のグミは、フルーツの本格的な味や香りを取り入れている。満足感があり、好きになった（埼玉県の50歳女性）

・おいしい、生の果物より酸味がある（北海道の68歳女性）

「割高感」からくる果物ばなれとグミ人気

ミカンやリンゴ、ブドウなど、幅広い国産果実の卸売市場での取引価格は、この10年間で2～4割上昇している。天候不順に加え、農家の高齢化や離農で生産量が減少しているためだ。輸入品もバナナなどの価格が上昇を続ける。この結果、消費者の果実離れが進む。中央果実協会が20～60代の男女2000人を対象にした2022年度調査によると、果物を毎日食べない理由は「値段が高いから」が43・6％でトップ。総務省の家計調査によると、2022年に1世

コロロ　グレープ（UHA味覚糖）

帯（2人以上）が購入した生鮮果物は68キログラムと、2012年に比べ20％減った。

東京都内の食品スーパーの売り場担当者は、「お菓子などの甘い商品が充実し、高くなった果物を消費者が日常的に食べなくなった」と話す。果物は主食や副食となるコメや野菜と異なり、「ぜいたく品」に分類される。価格の高止まりで果実の日常的な消費が減る一方、「果汁感のあるグミが果物の代替として食べられている側面は否定できないのではないか」（山口正範さん＝山梨県の食品スーパー、オギノ食品部統括マネジャー）という声も聞かれる。

皮付きぶどうを彷彿とさせる「コロロ」

実際、UHA味覚糖が2014年に発売した「コロロ」は〝皮付きのぶどう〟を彷彿とさせる。

ニッポンエール 山形県産ラ・フランス グミ
（全国農協食品）

ニッポンエール 新潟県産ル レクチエ グミ
（全国農協食品）

口の中に入れるとプチッと膜が破け、みずみずしい果実のような食感が楽しめる。秘密は水分量の多さで、通常の倍の約30％を含む。コラーゲンの膜で包み形を保てるようにした。長年の試行錯誤を経てたどり着いたという。訪日外国人観光客からも土産として人気を集め、いまや同社で最も売れるグミに成長した。

JA全農のグループ会社、全国農協食品が2021年9月から展開する「ニッポンエール」も果物の代替需要の取り込みに成功している。山形県のラ・フランス、新潟県のル レクチエ、鳥取県の二十世紀梨など、各地の特産果実を使ったのが特徴。希望小売価格（税別）は1袋149円で、想定の約4倍で販売量が推移していると言う。

各地の農家とのつながりを生かし、傷物など規格外の果物も有効活用。普段は食べる機会が少なく、なじみのない果物や新しい品種を知ってもらう機会になればと考案。グミの中に果汁入りゼリーを入れる。カボスやスダチなど柑橘《かんきつ》系は、ほどよい酸味と甘みになるように表面に砂糖をまぶしている。

100~200円で感じられる果実感

1日当たりの果実摂取量は平均104グラムで、推奨される200グラムの半分の水準だ。10年前と比べて全世代で減少し、50代の落ち込みが大きい。中央果実協会が2022年に実施した調査でも、1日平均で果実を200グラム以上食べている人は全体の13・6%にとどまった。

その一方で、果実の消費量をもっと増やしたいと考える人は約34%に上っている。実質賃金が伸びない中、生活者にとって果物は割高に映っているようで、消費量を増やす提供方法として「外観が悪くても割安な果実」を求める声が約40%で最も多かった。

御多分にもれず、原料や物流費の高騰でグミも値上げを余儀なくされている。だが、100円台の商品が中心で、1房2000円を超えるシャインマスカットに比べれば割安だ。ミカンやリンゴは、皮をむくや手間がかかり生ゴミが出る。これに対して手間なくゴミなく食べられるグミ。一部の果物需要がシフトしていることがグミ市場の拡大を後押ししている。

Z世代とグミ

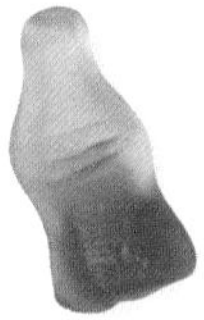

1990年代半ば以降から2010年代前半に生まれたZ世代。消費のパイとしては小さいが、デジタルネイティブである彼ら・彼女らの価値観や消費スタイルに着目したマーケティングは、新たなニーズを掘り起こすヒントになり、幅広い世代への波及効果も期待できる。

多様性を重視し、個性を認め合う世代

Z世代は多様性を重視し、個性を認め合う傾向が強いとされる。失敗談も含めてネットで何でも調べられるからこそ、Z世代は製品の購入に対して慎重な面もある。そして、生産や流通、決定に至るプロセスの透明性を求め、企業の広告色の強い発信を好まない。

「SHIBUYA109lab.」所長の長田麻衣さんは「Z世代はSNSでトレンドを追いかけていて、あまり豊かではないが好きなものにはお金をかける。そういう人たちが今後、消費の中心になっていく。企業側から見ると『一緒に商品を盛り上げていくパートナー』として、きちんと動向を見ていくべき対象だ」と指摘する。

Trolli Planet Gummi（MEDERER）

参考にするのはインスタグラムの情報

コミュニケーションの仕方もほかの世代とは異なる傾向がある。『日経ＭＪ』が２０２１年11月に実施したＺ世代の価値観に関する調査では、製品・サービスの購入で参考にする情報（複数回答）は「インスタグラム」（37・9％）が最も多く、「ツイッター（現Ｘ）」も21・3％に上った。ミレニアル世代にあたる27～38歳はインスタグラムが25・5％、ツイッターが12％だった。「口コミ」はミレニアル世代の19・7％に対してＺ世代は23％と高い。

Ｚ世代は画像や動画を介したビジュアルコミュニケーションを重視する。視覚的な共通認識のもとで交流し、ＳＮＳで得られる身近な人のお薦めを購入の判断材料にする傾向が強いと見られる。

「地球グミ」のヒットはSNS発

2021年後半から2022年に話題を集めた「地球グミ」のヒットも、こうしたZ世代から生まれた。地球グミは、大陸の模様が描かれた透明のプラスチックケースに1個ずつ包装され、地球儀のような見た目。グミの中にはマグマをイメージした真っ赤な「ラズベリー」のソースが入っている。

この地球グミは、正式名称は「Trolli Planet Gummi」。ドイツの老舗メーカーMEDERER社のブランド「Trolli」がスペインの工場で製造している。2020年秋から日本に輸入が始まり、PLAZAなどの店頭に並び始めた。販売価格は1袋（75グラム、4個入り）で500円以上と、グミにしては高価だが、店舗や正規のオンラインショップでは軒並み品切れ。通販サイト「アマゾン」ではプレミア価格がついた。

希少性がさらなる話題・人気に拍車

今回のケースでは、大規模なマーケティングを行った形跡はない。SNSを通じて、一部の若者や子どもの間で盛り上がったのが特徴だ。2018年ごろ、韓国のユーチューバーがSN

Sで紹介したのが、そもそものきっかけ。それに日本の「原宿系」と呼ばれるユーチューバーが飛びつき、「地球グミ」を団子のように串に刺したり、「地球グミ」を琥珀糖《こはくとう》にして食べる動画を投稿したり、「地球グミ」の〝もきゅもきゅっ〟とした咀嚼音を撮影したASMR動画の投稿が相次いだりしていった。

TikTokでは、「口で地球グミのパッケージを割る」動画がバズり、それを真似したいと思ったZ世代が追随した。

韓国のSNSで流行し始めた当初は、「地球グミ」は日本にはまだ輸入されておらず、希少性が高かったこともさらなる人気を呼んだ。輸入されてからも販売数が少なく、品薄や品切れもネタになった。

「国境」を意識しない世代

デジタル時代の消費者、特にZ世代は「国境」をさほど意識しない。グミ市場は、国産だけでなく、「ハリボー」や「地球グミ」といったヨーロッパ産、さらに最近では韓国産が同じ棚に並び、それぞれが好みのグミを手にしている。元々、グミの持ち味は多様性かもしれない。〝元祖〟「ハリボー」の「ゴールドベア」は、長さ約2センチのクマの形。弾力感ある歯ごたえで、かむうちにフルーツの香りが広がる。イギリスでは定番のクマの形にはあきたらず、7色のミミズやへそ型といったユニークなグミの受けが良い。一方、韓国では動物をかたどった食品は好まれない。イスラム教国では、原料に豚ゼラチンを使うことは許されず、牛のゼラチンでグミをつくる。

ネット時代は、情報が拡散される。その情報は世代間で断絶されているわけではなく、誰でもSNSを開けば情報を目にすることができる。例えば、SNSではAI（人工知能）がアルゴリズムによって、好みに合ったものや情報を薦めてくれる。若くなくても、Xでトレンドを追っているうちに流行に関する情報がたくさん届く。Z世代は年長の世代と比べると人口が少なく、現状は購買力も高いわけではないが、購買力がある上の世代にZ世代の発信力が影響を与えるサイクルは無視できない。

今後の社会を担う世代

また、Z世代は今後の社会や消費を担う存在となっていくため、Z世代を意識した製品・サービス開発の取り組みが相次いでいる。

グミではないが、カンロは2022年2月、Z世代を主要顧客に想定した飴「エモーショナルキャンディ」を期間限定で発売した。若年層の飴離れに危機感を持つ同社が、PLAZAを展開するスタイリングライフ・ホールディングス　プラザスタイル　カンパニーと組んだ。

3種類の味があり、それぞれ「風」「恋」「夜」というテーマを設定した。パッケージ裏面には製品コンセプトに沿った詩を書き込んだ。「風」と「恋」は詩の内容に合わせて味が変化し、飴をなめている時間を楽しめるようにした。Z世代にとっては「味が変わらない」などの飴に対するイメージがあり、コンセプトを明確にした商品で新たな価値を提供しようとした。

Z世代のニーズを捉えた製品開発は、新たな視点を持つことにもつながる。カンロでは、こうした取り組みにより、製品のアイデアを練る際に柔軟性が生まれると期待する。

「好き嫌い」より「共感したい」

「SHIBUYA109lab.」所長の長田さんは「Z世代は『好き嫌い』よりも『共感したい』のほうが強い気がする。すごく好きな『推し』がいるとか、自分の主観がしっかり作用している部分もあるが、そうではない部分のほうが多い。自分の主観が強烈に働かないところに関しては、みんなが『いい』って言っているものに『わかる、わかる』と共感したい。そういう感じではないか」と、Z世代への価値観や嗜好を分析する。

毎週のように新商品が発売されるグミの市場は、企業と消費者が、まさに一緒に盛り上げていくパートナー同士という関係性が構築されている。「いかに『好き』を捉えて、それに応える商品を提供するか」ではなく、「いかに『共感』の空気を生むか」が、これからの生活者の消費意欲をくすぐるポイントになっている。

消費者が持つ「グミ」のイメージ

グミといっても、消費者は様々なイメージや商品を思い浮かべる。チョコレートやクッキー、せんべいなどと比べて、グミは形も色も食感もバラエティーに富むからだ。さらになぜか口に運んでしまう不思議な魅力がある。

815人からグミに関する声を集める

本書の執筆にあたって、独自に定性調査を2つ実施した。ひとつはマクロミルが提供するサービス「ミルトーク」を使って生活者の声を集めたものだ。調査期間は2023年7月20日から27日まで。質問は「グミが好きな理由を教えてください——なぜグミ好きになったのですか?／食べたくなるときってどんなシチュエーションですか?／好きなグミ(商品名)は何ですか?」とし、815人(女491人、男324人)から回答を得た。

回答を分析すると、「食感」と「味」を支持する理由に挙げた人が多い。「食感」というワードが過半数の443人のコメントに入っており、「歯ごたえ（41人）」「かみごたえ（20人）」「弾力（24人）」「もちもち（6人）」「硬い（固い、かため）（23人）」といったワードも目立った。さらに「味（196人）」「美味（61人）」「おいしい（さ）（12人）」が、のべ269人にのぼった。味に関しては果汁グミに代表されるフルーツ味のグミが多いことから、「果汁感（20人）」「フルーティー（7人）」「ジューシー（6人）」といったコメントがあった。

好きなグミ、「果汁グミ」が3割、「ピュレグミ」も1割強

実際、具体的な商品名として全体の約3割にあたる259人が「果汁グミ」を、111人が「ピュレグミ」を挙げた。「コロロ」も37人が好きなグミとして挙げた。「手軽（21人）」や「楽しい（12人）」といったワードからグミの持つ商品特性がうかがわれる。

食べるシーンでは、「小腹（がすいたとき）」や「口さみしい」「口寂しい」あるいは「おやつ」というワードが含まれた回答も目立ち、それぞれ145人、89人、24人にのぼった。また、「仕事（33人）」「運転（12人）」をしているときや、「気分転換（15人）」や「集中（10人）」したいときにグミ

を口に運ぶ人が多い。

【代表的なコメント（回答のママ）】

・色んな味があって食べるのが楽しいから。ピュレグミ（千葉県の17歳女性）
・硬めの食感と果汁感が好き。小腹が空いたり口寂しかったりした時に食べたくなります。果汁グミ（千葉県の25歳女性）
・気分転換したいとき、甘いものが欲しいとき、安くて美味しそうなものがあったとき。パッケージにかいてある食感や味が美味しそうだと思ったから（埼玉県の25歳女性）
・食感がいい、チョコよりも罪悪感がない、溶けないから扱いやすい。小腹が空いた時。フェットチーネグミ、シゲキックス、ピュレグミ、コロロ（栃木県の29歳女性）
・果汁グミ　気分転換したい時、集中したい時、小腹が空いた時に食べます（福岡県の35歳女性）
・ガムやキャンディのようにいつまでも口の中にあるわけではなく、ある程度のかみ応えがある。ピュレグミ（神奈川県の35歳女性）
・よくかむので、小腹が空いたときにちょうどいいからです。ちょっと甘い物が食べたい時にもちょうどいいです。ピュレグミです（茨城県の38歳女性）
・かみ応えがあって小腹満たしになるから。小腹が空いた時や口寂しい時。果汁グミ（栃木県の

40歳男性）

・食べやすくて美味しいから。仕事中に眠くなった時に食べていたりします。タフグミ（東京都の48歳女性）

・食感が気に入って好きになりました。小腹が空いた時にちょっとだけ何か口にしたい時に。明治の果汁グミシリーズ（静岡県の49歳男性）

・小腹が減った時、甘いものが欲しくなった時。あの食感や果汁感が好き。スナック菓子などに比べてヘルシーで罪悪感が薄れる。ピュレグミ、果汁グミ（千葉県の50歳女性）

・子どもが好きで食べたら美味しいと思いました。おやつ時間に食べたいです。果汁グミ（北海道の51歳女性）

・食感が好き、移動中の電車の中や休憩の時などに食べます。フェットチーネグミ（埼玉県の55歳女性）

・なんとなく。口直ししたいとき。口寂しいとき。旅行に行くときは必ず持っていきます。ピュアラルグミのぶどう味。内側にあるプルプルグミを舌で掘り起こして食べるのが何とも言えない食感です（秋田県の60歳女性）

さらに、テキストマイニングツール「見える化エンジン」を使ってキーワードの関連性を見てみた。P.88、89の図を見てほしい。まずは、抽出されたキーワードをポジティブとネガティブに分けてランキング化してみた。ポジティブは「食感・好きだ」「グミ・好きだ」「食感・良い」が上位に入った。ネガティブは「口・寂しい」「グミ・寂しい」「イライラ・食べる」が数は少ないが抽出された。ネガティブランキングからは、情緒的な価値にとどまらない、グミの機能的な価値が浮かび上がった。この情緒的価値と機能的価値は次の節で詳述する。

また、形容詞の上位項目が、どんな言葉と同時に出てくるのかを確認すると、ダイレクトに「好き」につながる要素としては「食感」「味・おいしさ」「手軽さ」などが浮かび上がった。「良い」とポジティブな評価につながる要素では「歯ごたえ」「口寂しい（時に）」などが確認できた。

情緒的価値が大切なベネフィット

ハーバード・ビジネススクール名誉教授だったセオドア・レビットが指摘した有名な話とし

テキストマイニングツールによる
ポジティブワード、ネガティブワードの出現率ランキング

ポジティブランキング

No.	単語	件数	割合
1	食感・好きだ	146	17.9%
2	グミ・好きだ	59	7.2%
3	食感・良い	53	6.5%
4	ピュレグミ・好きだ	24	2.9%
5	好きだ・食べる	16	2.0%
6	手軽だ・食べる	16	2.0%
7	味・好きだ	16	2.0%
8	味・良い	10	1.2%
9	果汁感・好きだ	9	1.1%
10	良い・食べる	9	1.1%

ネガティブランキング

No.	単語	件数	割合
1	口・寂しい	20	2.5%
2	グミ・寂しい	7	0.9%
3	イライラ・食べる	2	0.2%
4	寂しい・食べる	2	0.2%
5	イライラ・空く	1	0.1%
6	イライラ・鎮める	1	0.1%
7	カロリー・控えめだ	1	0.1%
8	グミ・好きだ (否)	1	0.1%
9	コーラアップ・寂しい	1	0.1%
10	こわい・我慢する	1	0.1%

出典：独自調査をもとに筆者が作成

テキストマイニングツールによるキーワードの関連マップ

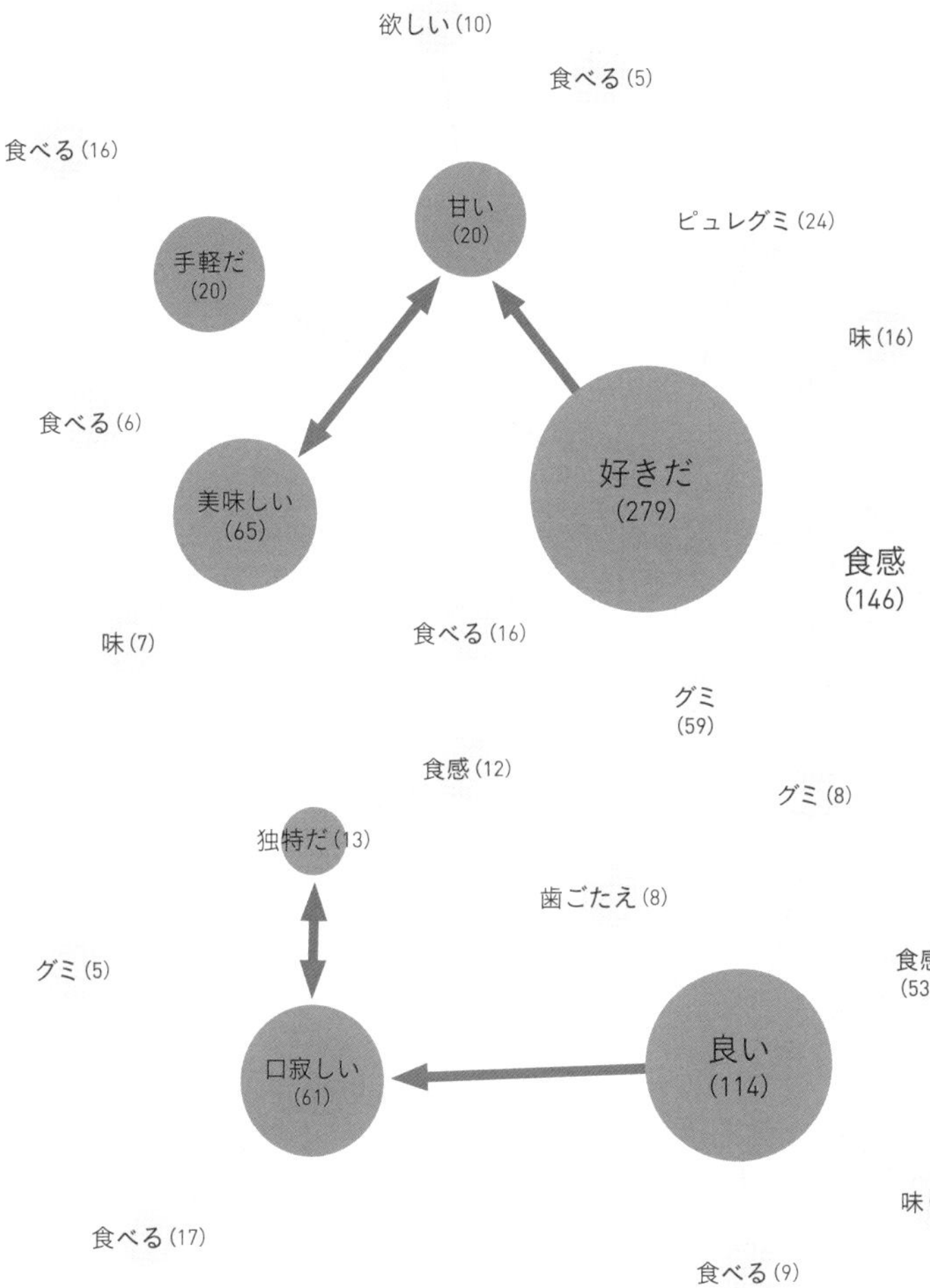

※円の大きさはキーワードの出現回数の多さを表し、 線の太さはキーワード同士の関連性の強弱を表す。
矢印は、同時に出現する率が最大のキーワードを指す。

出典：独自調査を元に筆者が作成

て「ドリルの例」がある。本質的に顧客が求めているのはドリルというモノではなく「穴」という価値だ。ドリルは「穴を開けるための手段」でしかなく、売り手は、買い手がどんな穴が開けられれば満足できるのかを考える必要がある。ところが、メーカーはドリルの特徴を説明することばかりに必死になりがちだ。マーケティングやブランディングにおいては「ブランドが顧客へ提供する価値は何か」「顧客が得るベネフィットは何か」の明確化が不可欠になる。

提供価値を明確化して競合と差異化する

この提供価値を明確にすることで、競合との差異化が可能になる。ブランドが提供する価値には「機能的価値」「情緒的価値」という大きく2つがある。機能的価値とは耐久性など、製品が持つ、具体的な機能的特徴やスペックを指す。数値化が可能で製品の優劣がわかりやすいため、多くの企業が機能性の高さを追求し、ブランディングでも強調しようとする。しかし顧客は、決してこの機能的価値だけで商品を選んでいるわけではない。数値の優劣ではなく、情緒的な理由で選ぶことがいくらでもある。

スターバックスが提供する「第三の場所（サードプレイス）」は、情緒的価値の代表例だ。おいしいコーヒーを提供するチェーン店という機能的価値に加え、家庭でもなく、職場でもない、くつろげる居心地のいい第三の場所という情緒的価値を提供する。これこそが提供価値で、他社との強い差異化要因となっている。

コモディティ化の罠

マーケティングの世界では「コモディティ化の罠《わな》」という言葉がある。そもそもコモディティ化とは、消費者にとって当面は価格以外に選択要因がなくなる状況を指す。その結果、競争激化により価格が急低下し、企業の収益性も悪くなる。コモディティ化が進むと、メーカーはさらに機能性を追求し、微細な差異を売りにするようになる。しかし、消費者にとっては過剰な機能だったり、差異がわかりにくくなったりすることがある。これがコモディティ化の罠で、製品やサービスの完成度は高くなるのに、消費者の満足度は低下してしまう。

機械式時計から学ぶ情緒的価値を提供する重要性

機能的な価値だけでなく、情緒的価値を商品に植え付けないとヒットを飛ばすのは難しい。例えば、機械式時計がわかりやすい。1970年代に正確なクオーツ時計が量産されるようになると、機械式時計は絶滅の危機に瀕した。だが、コロナ禍で、高額な機械式時計が売れているというニュースを見たり聞いたりした人も多いのではないか。

高級機械式時計というと「ロレックス」が有名だが、それ以外にも「フランク ミュラー」や「パ

テック フィリップ」などが富裕層や若いビジネスマンに人気だ。不遇の時代にあっても伝承技術を絶やさなかった老舗メーカーも偉いが、復権の一番の立役者は何と言っても、クオーツから機械式時計に再び心変わりを始めた消費者だ。

クオーツ技術によって生み出された正確な時計は、時計の機能的価値を極限まで高めた。クオーツ時計が市場を席巻したのもそれゆえだ。ただ、実はここに落とし穴があった。世の中の時計の大半がクオーツになってしまえば、差異化が難しくなる。つまりクオーツである以上、どの時計も正確。その時点で、時計の持つ最も基本的な機能である正確性で差異化する余地が残されなくなった。

「心の喜びを重視する」価値観

機能的価値で差異化が難しくなったとき、改めて見直されるのが情緒的価値だ。換言すれば、「心の喜びを重視する」価値観だ。つまり正確な時刻を刻むことではなく、身に着けたり眺めているときに心が喜ぶことで時計の価値を評価しようという消費者心理の変化がいつの間にか発生し、それが徐々に広がったからこそ、機械式時計の復権が起きたわけだ。

ポイントとなるのが、歴史や職人芸、希少性など時計にまつわる物語性が豊富かどうか、ということだ。それに元来、男性はあまりアクセサリーを身に着けないが、美意識のジェンダーフリー化が進んでいることも、個性派ぞろいの機械式時計の復権を後押ししている。コモディティ化はどの商品ジャンルにも起きる悲劇だが、脱出の知恵を機械式時計から学べる。

実際、グミの例で言うと、カンロは主要ブランドで、ターゲットに応じてスペック（機能的価値）、提供価値（情緒的価値）をきちんと分けている。「ピュレグミ」のターゲットは大人の女性、スペックは、果肉食感・フルーツの味わい、提供価値は、トキメキの瞬間を増やすこと。「カンデミーナ」のターゲットは男性、スペックは、ハード食感・特許製法の形、提供価値は、楽しさを届けること。「マロッシュ」のターゲットはZ世代、スペックは、もちもち弾力食感・スッキリした味、提供価値は、心躍る驚き――といった具合だ。

また、なぜたくさん買ってくれるのか。なぜ、買わなくなったのか。これらの疑問を解き明かし、手を打つことがビジネスだ。ここでもカギになるのが情緒的価値だ。疑問を解明するには、人間心理への理解が必要になる。人は商品特徴や価格優位性などの機能的な価値だけを見て商品を買ったり、ライブに行ったりするわけではない。ときめいたり喜んだりと、「感情」をもとに行動する。例えば、今日ある商品を機能的な価値で買ってくれたとしても、感情的に「好き」でなければ、ほかに機能的に優れた商品が出たら、明日にはそちらに移ってしまう。

したがって、商品を好きになり、ファンになってもらう工夫が必要になる。企業やブランドが大切にしている価値を支持してくれる人が「ファン」だ。たとえ、たくさん買ってくれなくても、しょっちゅうライブに来てくれなくても、「感情的に好き」でいてくれるのがファンだ。企業のやりたいことや理念をきちんと理解し、共感してくれる。ずっと心から愛してくれる。こういうファンは、企業が困難に陥っても、信じて支えて応援してくれる存在だ。

最近の「推し活」の盛り上がりは、こうした感情を持った人々が、「好き！」をオープンにして謳歌し始めたためとも言える。その「感情の吐露」「感情の爆発」は、スポーツチームやアイドルだけでなく、グミなどの食品にも広がっている。カンロの村山浩昌さん（研究・技術本部研究開発部長）は、「食感もそうだが、形が自由に表現できたり、調整できたりするのがグミの大きな強み。そこで、ターゲットに対してフィットする材料はなにか、といった選択肢がある。ゲル化剤などの組み合わせで、表情も変わる。そこに色だったり、味だったりが乗せられる。無限の組み合わせがグミの世界を広げている。狭い選択肢の中で『推し』を選んでしまったら誰かと絶対被るが、選択肢が多いので、人と被らずに、自分の『好き！』を表現できる利点もある」と分析する。

Z世代にとっては、推しが「心のよりどころ」になっている面がある。推しがあるから勉強や仕事をがんばることができたり、新しいことにチャレンジできたりと、日々の生活の「糧」に推しがなっているのかもしれない。

コンセプトが商品の命

「消費者は2度評価する」――数多くのヒット商品の開発に携わった梅澤伸嘉《のぶよし》さん（マーケティングコンセプトハウス創業者）の言葉だ。「2度」とは「買う前」と「買った後」のこと。特に、買う前に「欲しい」と思わせられるかどうか。これがない限り、買った後の満足は生じない。だから商品コンセプト（買う前に欲しいと思わせる力とその内容）が重要になる。

厳しいマーケットでいかに生き残るか

食品メーカーの開発担当者は、「美味しいものをつくったんだから、売れるのは当たり前」と思いがちだ。だが、えてしてそうではないことが多い。かつて飲料メーカーを取材していて「千《せん》三《みっ》つ」という言葉を聞いた。1年間で1000種類もの新商品が発売されるが、翌年に残る

のは3種類程度だというマーケットの厳しさを表現したものだ。商品コンセプトがしっかりしていないと、コンビニエンスストアでは発売翌週には棚から外されてしまうという悲劇が待ち受ける。

商品コンセプトの設計は用意周到さが求められる。梅澤さんの薫陶《くんとう》を受けたマーケティングコンセプトハウス現社長の山口博史さんは、商品コンセプトには基本公式があると言う。

以下は、山口さんの商品開発におけるコンセプトづくりの手法を通して、消費者ニーズを探っていく調査の重要性をまとめたものになる。

コンセプトはアイデアとベネフィットの総和

商品コンセプトの基本公式は「C＝I＋B」だ。Cはコンセプト、Iはアイデア、Bはベネフィットだ。企業がお金をかけて形にするのがアイデアであり、消費者がお金を払うのはベネフィットに対してだ。ベネフィットは「〇〇できる(便益)」ということ。その語尾を「したい」に変えるとニーズになる。ニーズがはっきりしないとベネフィットもつくれない。ベネフィットがはっきりしていないと、コンセプトがきちんとつくれない。

グミに関しては、色や形、食感がアイデアにあたり、それがどういうベネフィットを提供するのかが重要になるというわけだ。消費者はベネフィットに対してお金を払っていて、楽しむことができるということがベネフィットになる。つまり、色とか形とか食感が、どういう楽しさを提供しているのか。そこを説明できないと、売れた理由の説明にならない。

ただ聞くだけでは、答えが導き出されるとは限らない

売れた理由を説明するために、単に「○○というニーズに応えたから」というだけでは不十分だ。また、消費者に質問すれば、売れた理由が得られるとは限らない。

一般に、グループインタビューや、デプスインタビュー（1対1で行われる）という定性的な調査はよく行われているが、十分にトレーニングされたインタビュー技術や、特有の手法を駆使して行わないと、かえって判断を間違えてしまいやすい。きちんとした定性調査を行えば、消費者がすぐに答えられないニーズを探ることもできる。デプスインタビューの「デプス」は深みの意味であり、深層心理に迫る方法で行わないと意味がない。

さらに、ニーズに関する知識も必要になる。多くの人が答えるのは、顕在意識（顕在ニーズ）だ。だが、顕在化している情報は、競合他社だって気づいている。それに基づいて商品開発を行っても、同じような商品が増えていく結果になりやすい。

ニーズの強さと未充足度（未充足ニーズ理論）

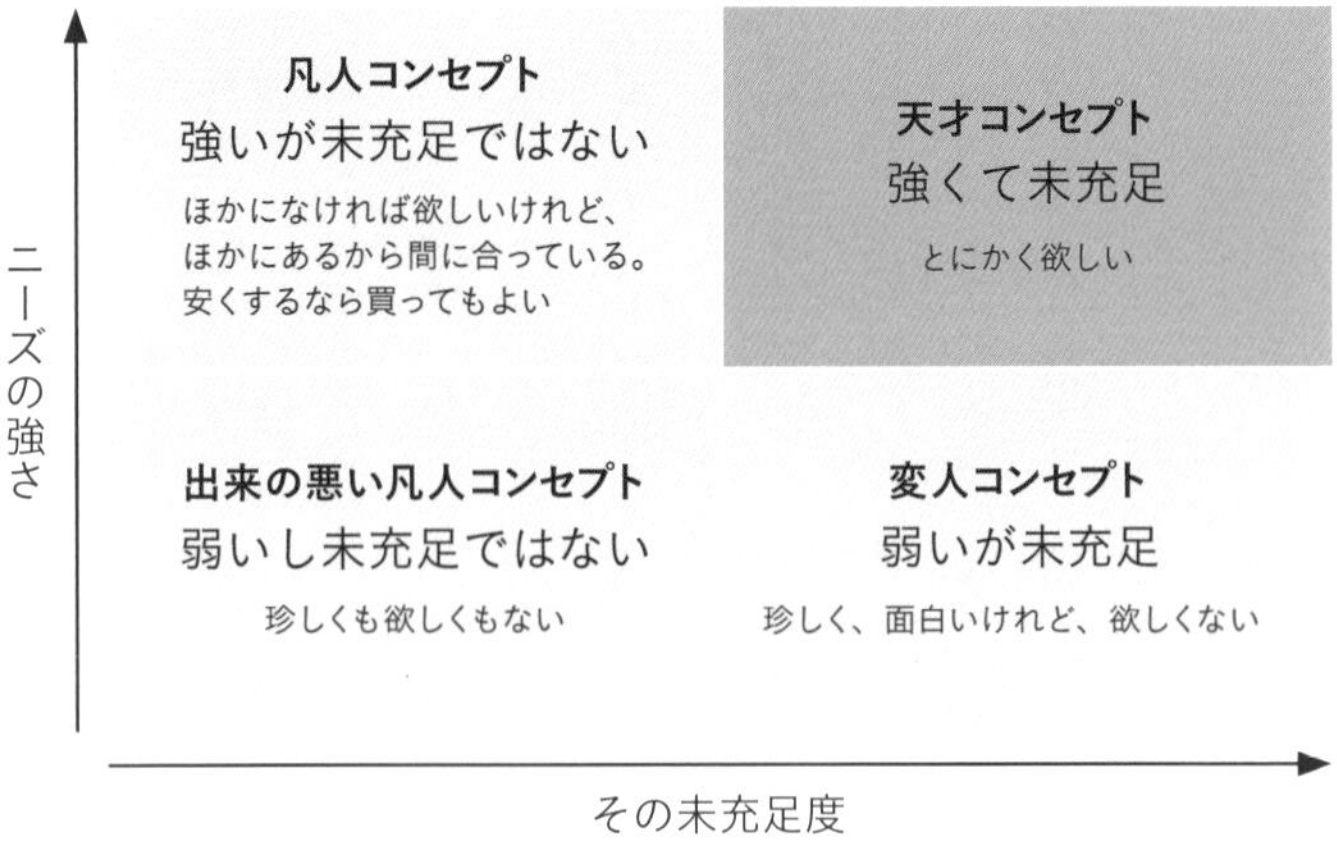

出典：マーケティングコンセプトハウス

グループインタビューやデプスインタビューよって、潜在的な部分が表面化してくる可能性がある。顕在ニーズの場合は、多くの場合は充足されているニーズ、あるいは充足する手段があるニーズの場合が多い。一方で、既にある商品や手段では満たされない「未充足ニーズ」というものがある。上の図を見てほしい。縦軸がニーズの強さ、横軸が未充足度を表す。

つまり、満たす方法がないものが右側にくる。売れる商品をつくるための最低条件というか、絶対欠かせない条件が未充足度もニーズも強いことだ。ニーズが強くて未充足ならばヒットの確率が高まる。

ニーズの深層構造理論

マーケティングコンセプトハウスの独自理論である「ニーズの深層構造理論」もヒット商品づくりに欠かせない。何々が欲しいとか、買いたいとか、食べたいとか、使いたいとか――直接的に商品につながるニーズをHAVEニーズと呼ぶ。何々を買いたいというニーズの上位には、それはどうしたいためかといった「目的のニーズ」がある。HAVEニーズの上の段階がDOレベルのニーズ。どうしたいのか、どうなりたいためなのか、といった感じで上位化していくと、行き着くところは、「幸せになりたい」といった意味合いの普遍的なニーズに変化していく。通常の商品開発では原則としてはDOレベルのニーズを相手にすることが多い。

DOレベルのニーズを洗い出し

マーケティングコンセプトハウスの山口さんが通常コンセプト開発をするときには、実際にDOレベルのニーズを洗い出すところから始まる。商品が売れるかどうか、あるいは実際にヒットしたものに対しては、どのような未充足ニーズに応えたかを明確にする必要がある。未充足ニーズは、語尾を変えたら未充足のベネフィットとなる。

つまり、ほかでは得られない、ほかの手段では得られない、どのようなベネフィットに応えたのかということの説明がつかないと、売れた理由の説明にはならない。言い換えれば、消費者に買われるための唯一無二の理由がないと成功しない。

きちんとしたグループインタビューやデプスインタビューなどの定性調査を行えば、心の深層部分の掘り起こしがある程度可能になる。加えて、マーケティングの知見に基づいた解釈も必要になる。消費者が「これが欲しい、買いたい」と言ったからといって、本当に買ってくれるとは限らない。マーケティングや消費者心理に関するある程度の知見を持って分析していかないと判断を誤りやすい。

「値段が高いから買いたくない」は要注意

わかりやすい例を挙げると、買いたくない理由として「値段が高いから買いたくない」という答えがよく返ってくる。そうすると、インタビュアー（モデレーターとも言う）は「いくらだったら買いますか」という質問を投げかける場合が多い。しかし、値段が高いと感じているのは、主観の世界であり、「……と感じている」だけなのだ。値段が高いと感じているなら、なぜそう感じるのか。つまり、そう感じているその理由が重要になる。よくあるのが、本当の良さを知らないから高いと感じてしまうということだ。この場合、適切なアクションとしては値段を下げるのではなくて、良さをわかりやすく伝えることが大切になる。アクションが全く違ってきてしまうのだ。このように「理由の理由」を掘り下げることや、様々な要因の関係づけをきちんとすることが必要になる。

グループインタビューから見えてきた消費者インサイト

グミに関する潜在ニーズを探るため、もうひとつの独自調査として、グミについてグループインタビューを実施した。2023年8月、マーケティングコンセプトハウスの協力を得て、女性5人（20代学生2人、30代主婦、50代会社員2人）で、グミに関する自由な話し合いをしてもらった。1グループだけを対象にした、やや簡易なものだったが、多くの示唆を得られた。

具体的には、①グミが持つベネフィット（特にガムとの違い）、②多様なグミが市販されている中で種類（食感の硬さ・形状など）による主なベネフィットの違い、③グミ19種類を使いゲーム性を盛り込んだ手法や、雑誌の切り抜きを用いたコラージュによって、グミに関する深層心理を調べた。

「それはどうしたいためか」という目的に思いを巡らす

ベネフィットは、商品やサービスが顧客に提供する価値のことだ。マーケティングの世界では、企業活動の本質は製品やサービス自体の提供ではなく、顧客に価値を提供することにあると考えられている。前述のレビット教授の「ドリルの例」。工具のドリルを買う人は、ドリル自体が欲しいのではなく、それによって開いた「穴」が欲しいということだ。

顧客はより良いドリルではなく「穴」が欲しいのだから、ドリルを製造する会社は競合のドリルメーカーだけでなく、穴を開けるサービスを含めて競合している。つまり、「穴」の提供がビジネスの本質で、「ドリル」の提供ではないということだ。

この点について、マーケティングコンセプトハウスの山口さんは、「『穴が欲しい』にとどまることなく、さらに『それはどうしたいためか』というキーワードで、その目的のニーズ、つまり穴を開けた後に満たしたいニーズにまで思いを巡らせたほうが、新たなビジネスアイデアの発見につながりやすい」と語る。

グミを食べる「3つの理由」

前置きはさておき、グループインタビューで浮かび上がったのが、①日常における「気分転換／プチご褒美」、②日常をより効率的に過ごすため、③日常において友人や同僚とのシェアリングタイムを創出するツール――というグミの持つ「食べる理由（喫食用途）」だ。

特に①が、グミの基本的なベネフィットと考えられる。インタビューでは「食感や『味変』により、オンの状況（仕事中や勉強中）でも『ちょっとしたハッピーな気持ち』になれる」「グミがあると、オンの時間を楽しく頑張れそうな気になれる」といった声が聞かれた。

②については、「オンの状況（仕事中や勉強中）における糖分摂取による集中力維持や眠気覚ましに活用」したり、「罪悪感少なめなのに、幸福感はちゃんと感じられる小腹満たしとして活用」したり、「車に乗っているときの酔い止め（気分を紛らわせる用途）として活用」などの用途が挙げられた。

また、③では「面白い形や新しい味のグミを友人や同僚とシェアすることで会話のネタに活用」も挙げられ、コミュニケーションも、グミの持つ特徴のひとつであることは確かだ。

グミを食べるとき・場所（喫食タイミング）については、例えばアルバイト中の15分の休憩時間や学校の休み時間といった「隙間時間」や「勉強や仕事中」、あるいは「移動中」が挙がった。

その他の声としては、グミは限られた時間における「タイパの良いアイテム」であったり、参加者の一人からは「元々グミを持っていると、後で食べよう！　とご褒美が待っている感覚になり、何もないときと比べてモチベーションが上がる」という声も聞かれた。

加えて、「何もないときは間食として、買いに行かなきゃと思ったりする」という発言もあった。また、「ONの状況を継続しながらも、口の中や気持ちの中で『自分だけのOFF』を楽しむ」ことをグミに求めていることが確認できた。

多様でバラエティーに富んだイメージ

グミに対するイメージは、商品特性から多様でバラエティーに富んでいる。「買う味もそうだが、ラインアップは『ぶどう味』が多い。期待と異なると嫌なので『いちご』や変わり種の『すいか』などは購入をちょっとためらう」「デザインがかわいいものが多く、宝石のようなイメージ」「食感を表す言葉は『もにゅ』『シャリシャリ』『ガリ』『むにゅ』『ぎゅっ』など様々」「最近はエナジードリンク味をはじめとする新たなフレーバーや男性向け商品が出てきた」など、商品のバラエティーの豊かさや、新商品が続々と登場することへの期待感などがうかがえる結果となった。この多様性が幅広い層を取り込んで成長するグミ人気につながっているようだ。

同じ「かむ」食品であるガムではなく、グミを求める理由としては「ティッシュに出すことが面倒」「食感はほとんど同じである」「ガムは味の楽しみしかない」「飲み込むことができないので、満足感がなく逆におなかが空く」といったガムのマイナス要素を引き合いに出す声が続いた。

使い勝手の改善を求める声も

既存のグミに求めたり、改善したりしてほしい点としては、「チャックがあること。一度に食べることはないため、持ち運びや保存ができるように」「片手でグミを手に取れるようなパッケージ」「開け口が大きく開くようなもの」「手が汚れないもの。小分け包装してある『ハイチュウ』や『ぷっちょ』は人にあげやすい」などの声が聞かれた。また、「パッケージデザインは重要。開封するときのワクワク感がある」という一方で、「グミ1個のサイズがどれぐらいな

激シゲキックス　極刺激ソーダ（UHA味覚糖）

ブーストバイツ（明治）

のかは先に知りたい」という発言も印象的だった。

グミ19種類のイメージ調査

インタビューの後半では、19種類のグミの現物を用意し、それぞれに対して「わりとよく買われていそうなグミ」と「あまり買われていなさそうなグミ」などについて話し合いながらグループ分けを実施した。このセッションでは分けられた結果よりも、分けられる過程での自由な話し合いを重視する投影的アプローチ（フリーマッピング手法）をとった。

ハリボーや果汁グミ、ピュレグミなどが「買われていそう」

「わりとよく買われていそうなグミ」には、「ハリボー ゴールドベア」「ハリボー ハッピーコーラ」「果汁グミ」「ピュレグミ」「フェットチーネグミ」「つぶグミ」「ポイフル」が選ばれた。昔からある定番のイメージを持っているという印象だった。また、「シゲキックス」「タフグミ」「ブーストバイツ」は男性向けのイメージで、「刺激がある」「硬め」「黒パッケージが多い」という発言があった。

「人によって好みが分かれそうなグミ」では、「忍者めし」「忍者めし 鋼」「カンデミーナグミ」「男梅グミ」「コロロ」だった。「かつお節の風味が強い」や「食感が焼きトマトの皮のようでクセがある」など、食感や味が特殊なグミは好みが分かれるとのやりとりがあった。

「あまり買われていなさそうなグミ」では、「ペタグーグミ」「マロッシュ」「しゃりもにグミ」「ニッポンエール　山葡萄グミ」だった。「店頭で見かけることが少ない」「初めて見た」といった発言があった。

「定番」イメージの醸成がカギ

以上を踏まえると、定番イメージのあるグミや大衆受けするフレーバーは「よく購入されていそう」なイメージが強い。改廃が激しいグミ市場においては新商品の活性化策とともに、定番イメージの醸成が重要なポイントで、SNSによる拡散も大切だが、店頭やテレビCMなどの広告による訴求の有効性もうかがえた。

グミとガムのイメージ調査

インタビュー参加者5人で雑誌を切り抜き、グミ、ガムそれぞれのイメージに合うものを模造紙に貼り付けてもらった。この手法は、心理的な療法のひとつである「コラージュ療法」をマーケティングリサーチの世界に応用したもの。言語だけでは表しづらいことを、ビジュアルイメージで表現してもらう手法だ。調査対象者はテーマを意識しつつ様々なビジュアルに触れることで、心の深層部分に気づいていく効果がある。ブランドの世界観を深く探る場合などにもよく用いられる。今回のグミとガムの違いについて、マーケティングコンセプトハウス社長の山口さんが分析した結果は本章末のコラムで紹介する。

グミは虹色、果物系、スイーツ、喫茶店……

「グミに対するイメージ」は、虹色、果物系、スイーツ、喫茶店、クリームソーダ、ハート形、風船、新商品に詳しそうな女子などの切り抜きが目立った。参加者からは「カラフル、小さい、丸い、かわいい色、明るい、ポップ、甘い系、イメージを探すのが楽しかった」といった感想が漏れた。

ガムは歯、旅行系、自然、滝、インテリっぽい……

一方、「ガムに対するイメージ」は、歯、旅行系、自然、滝、インテリっぽい、シャープ、クラシカル、かっこいい大人の女性などの切り抜きが多かった。参加者は「淡色、暗め、清涼感、すっきり、車、旅行、自然系、『かむ』以外のイメージはない、味の変化がない」と、結果の模造紙を見ながらのつぶやきが多かった。

グミのイメージに合うビジュアルを集めたコラージュ（著者撮影）

ガムのイメージに合うビジュアルを集めたコラージュ（著者撮影）

グミを形づくる5つの要素

グミの市場動向や消費者調査を踏まえ、グミとは「何者なのか」を整理してみる。

①「幸せ感」につながる小腹満たし・気分転換
②「コスパやタイパ」につながる代替ニーズを満たす
③「楽しさ」につながるバラエティーの豊かさ
④「期待感」が高まる相次ぐ新商品の登場
⑤「つながっていることを実感」できるコミュニケーションツール

グミは、こうした5つのベネフィットや価値を持つ商品だと言える。まずは、グミを食べたときの「幸せ感」だ。「食」は人類が生命を維持する上での根源的欲求であるだけでなく、生きる喜びであり、幸福の源泉とも言える。「新しい料理の発見は人類の幸福にとって天体の発見以上のものである」とは、18〜19世紀のフランスの政治家で、美食家として知られたブリア＝サヴァランの言葉だ(『美味礼讃(上)』)。

脳内ホルモンの分泌を促進

グミが満たすニーズは、『幸せ感』につながる小腹満たし・気分転換」が第一に挙げられる。ちょっと口寂しいとき、小腹が空いたときにグミをほおばる。なんとも言えず満たされた気分になる。ほかの菓子やスイーツを食べたときにも感じる感覚だが、グミはより手軽なご褒美として、「幸せ感」を充足できる。まさに幸せを〝かみ締める〟ことができる菓子だ。さらに気分転換したいときにもグミはフィットした菓子になっている。食物を摂取することで分泌される脳内ホルモンが、「幸せ感」と関係していることが知られている。セロトニンやオキシトシン、エンドルフィンといったものだ。中でもセロトニンは、自律神経を整えて幸福感をもたらし、心を

コグミ（UHA味覚糖）

シゲキックス レモン（UHA味覚糖）

機能性表示食品　リセットレモングミ
（UHA味覚糖）

機能性表示食品　リセットグレープグミ
（UHA味覚糖）

平常に保つ役割を果たすことで知られる。咀嚼が脳の血流量を増やし、セロトニンの分泌を促進させる。エンドルフィンは、心身の苦痛を和らげ、快感をもたらす効果があり、甘い物などを摂取することで分泌が活性化する。

懐かしい味、コンフォートフードとしてのグミ

幼少期に食べた料理、おふくろの味、家族や友人とそろって祝うイベントで食べる料理など、人とのつながりという意味では、「コンフォートフード」という概念もある。人は特定の食事に

対して特別な価値や意味を見いだし、その食事をとることによって癒やされたり幸福度が上がったりする。

コンフォートフードを食べて、家族や友人と過ごした楽しい思い出がよみがえり、オキシトシンなどが分泌されて幸せ感を抱くケースがある。遠足で持ち寄ったグミを分け合ったり、友達同士で好きなグミや面白そうなグミをSNSで共有したりと、グミも快適さや幸せ感につながりやすい存在だ。

手軽に幸せ感を得られるコスパとタイパ

グミは、ケーキやパフェのようなスイーツと比べれば、100〜200円程度で気軽に買え、口に放り込めば脳内ホルモンが分泌されるという、コスパがよい食べ物だ。加えて、果物のように皮をむいたりする手間もなく、タイパもよい。「果汁感やジューシーさが特徴のグミは、果物に近づいた存在になっている」(北濱利弘さん＝中央大学商学部客員講師)との指摘もあり、グミは「『コスパやタイパ』につながる代替ニーズを満たす」というベネフィットを持つ。

「楽しさ」につながるバラエティーの豊かさ

そして、グミの色や形、フレーバーなどのバラエティーの豊かさは、自分好みのグミを探し出したり、ＳＮＳに上げたりして楽しみやすい。メーカー各社が新商品や季節限定の商品を連打するように発売する。海外から輸入される商品も多い。「次はどんなグミに出会えるか」といった「『期待感』が高まる相次ぐ新商品の登場」もグミ人気が広がっている大きな要素だ。

コミュニケーションツールとしてのグミ

食と幸せが関係する理由としては、食は、幸福の源泉である人とのつながりやコミュニケーションをもたらす点も無視できない。「『つながっていることを実感』できるコミュニケーションツール」としてのグミの存在だ。友だち同士で、お気に入りのグミを交換したり、話のきっかけにグミをプレゼントしたりする「グミニケーション」（日本グミ協会の造語）にも注目だ。

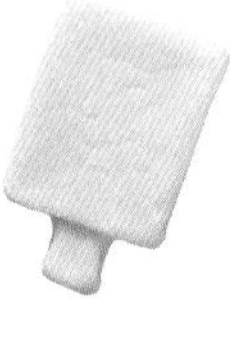

マーケティングコンセプトハウスの山口博史社長の分析

ガムに比べると、グミは全体的に色合いがカラフルであって、例えて言うとスイーツに近い。また、おはじきだとか小さい頃馴染んだおもちゃのような、少しだけ懐かしさを含んだ楽しいイメージがうかがえる。ガムに比べればだいぶ若い。やや外国的な要素も感じる。コラージュとインタビューの結果も加味して言うと、「五感」で楽しめるのがグミの特徴だ。色合いと形は目で楽しめ、食べる前に袋を触ってみたり、製品そのものの食感であったり、その心地よさとか、それと口に入れたときの触覚の楽しさもある。もちろん、食べたときのおいしさもある。甘さが濃いものから酸味が強いものまで非常に幅広い。中には本当の果物以上の味わいのものもある。匂いの良さも楽しめるし、さらに咀嚼音を楽しむASMR効果を持つものもある。そうした五感すべてで楽しめるのがグミならではの特徴だと感じとれる。

グミは、小腹満たしのために用いられることが多い。味とかかむことによって空腹を紛らわすという意味だが、グミ好きの人にとっては、グミは必需品。グミがないとどうしていいかわからないといったコメントもあった。グミがあることで、間《ま》が持てたり、味を楽しんだり、気分転換ができたりするなど、かなり幅広いTPO（タイム、プレイス、オケージョン）で楽しまれている。

一方、ガムの方は、年代が少し上の大人なのかなというイメージだ。オンとオフという言い方で言えば、グミの方がオフでガムの方がオンタイム的な要素を多分に持っている。慌ただしいオンタイムの中でも、グミを食べると、その間はオフタイムの楽しい気分が得られるようだ。ガムも、風船ガムを楽しむというようなイメージがあるが、全体としては機能性や清涼感が重視されており、楽しむという要素はグミの方が圧倒していると言えそうだ。女性ももちろんガムを食べるが、どちらかというと男性的な要素も多分にある。ガムの方が昔からあって伝統的というイメージもうかがえる。

第3章

メーカー各社の戦略

グミの持つ多様性と技術

一般的にグミは、砂糖と水飴を濃縮したものに、溶解したゼラチンを加え、そこへ必要に応じて酸味料や香料、果汁などの副原料を添加し、スターチ（でんぷん）に穴を開けたモールドに充塡《じゅうてん》、その後乾燥させる。副原料により色や味が多彩で、パウダーをまぶしたものも多い。形状もバラエティーに富む。特に柔らかくソフトな食感のものから、硬くハードな食感のものまで、様々な食感が楽しさや面白さを醸し出している。

カンロの村山浩昌さんは、「定番以外でも、旬のフルーツなどで季節性を出しやすい。グミや飴は味を自由につけやすい。さらに、形の自由度が大きいのがグミの特徴だ」と話す。

期待に応える新商品開発に各社苦心

製法は単純に見えるが、新商品開発には各社、苦心している。明治の担当者は「実際に設計する以外の部署、例えばマーケティングの部署から『こんな食感をつくりたい』と言われるが、パッと聞くと到底実現できないようなことを言ったりする。もちろん、お客様へのインタビュー調査なども行うが、そのときに『あったらいいな』ってどんなの？　って聞くと、大概とんでもなくハードルの高いことを言われる」と苦笑しながら話す。例えば「すごく硬いけれど、

味がすごいフレッシュなグミが欲しい」といった要望がお客様やマーケッターからは多い。だが、「硬くすると、口の中でかんでもなかなかかみ砕けないので、味の出方がすごく弱くなる」（明治）。このため、これまでは消費者から「硬いグミって味が薄い」という声がよく届いた。明治は「果汁グミ弾力プラス」の商品設計では「強い力で押したときに変形し、さらに力を入れると、割れるような構造にしてあげる」ことで味の出方を改善したという。

商品コンセプトをぶれさせない努力

また、技術的な問題との関連では、商品コンセプトをぶれさせない努力も無視できない。例えば、1992年に登場したUHA味覚糖の「シゲキックス」。甘いお菓子が一般的だったところに、「酸っぱさ」を掲げて新たな市場を切り開いた商品だ。UHA味覚糖の関口祐介さん（戦略マーケティングセクション広報宣伝セクションリーダー）は「いまでこそ酸っぱいグミとかが増えてきたが、昔は『こんな酸っぱいもん、誰が食べれんねん』みたいな声もたくさんあった。でも、めちゃくちゃ酸っぱいけれど、あくまで酸っぱいのは食べている時間の中の3分の1くらい。後半3分の2は程良い酸っぱさで結構しっかり甘い。その抑揚の部分はずっと大事にし続けている。少し売り上げが落ちてきたときに見直すのは、まずその振り幅を最大限大きくし、酸っぱさと甘さのメリハリをしっかり付けよう、ということ」と話している。

明治

明治は、かむことを科学的に分析してグミの新しい価値を提案する。かみごたえを6段階に分けた「かみごたえチャート」を全パッケージに記載。独自開発した実験装置「ORAL-MAPS／オーラルマップス®」と名付けた装置を使い、咀嚼に要する力のレベル分けを見える化している。

「かみごたえ」を見える化

明治は、2021年8月からグミの硬さを6段階の「かみごたえチャート」で表示し始めた。人気シリーズの「果汁グミ」は2、かみごたえのある「コーラアップ」には5といった数値を包装袋の表面に記載している。数字が大きいほどかみごたえが強く、最もかみごたえが強い「5＋（プラス）」は、「2」に位置づける同社の定番「果汁グミ」の倍以上のかみごたえがある。さらに、

出典：かみごたえチャート（提供：明治）

「5＋」の商品のキャッチコピーは「イライラした時などに」。かみごたえの強いグミは、現代人のストレスを受け止める役割も担っている。コーラアップシリーズから始め、2022年3月にすべてのグミ商品にかみごたえチャートを表示した。

「食感というと、のど越しや舌触りなど色々なものが含まれる。2022年の春から、かみごたえに特化した形でチャートを載せた。グミは面白い、楽しいが最優先になるが、それだけで終わってしまってはもったいない」（吉川尚吾さん＝明治）と考えたのがきっかけ。「かみごたえが事前にわかるようにすることで、消費者の商品選択をサポートする役割を果たし、コロナ禍でいったん縮小した市場の再浮上に少しは役立てたかもしれない」（同）と見る。

日本人が「心地よい」と感じる食感にこだわる

「果汁グミ」は発売以来、日本人が心地よいと感じる食感にこだわってきた。本場ドイツの主流製法である「スターチモールド製法」を取り入れつつ、弾力があるのに歯切れがいい絶妙なかみごたえを実現。2022年秋には、人気ナンバーワンの「ぶどう」で、3つのかみごたえをラインアップした。ソフト食感の「やさしい小粒」は、かみごたえチャート「1」で、子どもやシニア層にも食べやすい小粒サイズ（※現在は終売）。ハード食感の「弾力プラス」はかみごたえチャート「4」で、大粒でしっかりとしたかみごたえ。かみごたえチャート「2」の既存の「果汁グミ」と併せて、自分に合ったかみごたえが楽しめる。

季節限定フレーバーが好評な「果汁グミ」

果汁グミは既存品のほか、季節限定フレーバーも好評だ。2023年は夏に向けて「すいか」を発売するなど、グミ売場に季節感を出し、話題化を図っていく戦略だ。また、アレンジレシピを提案し、SNSやテレビで取り上げられることも増えている。ヨーグルトやアイスクリームへのトッピング、「果汁グミ」を挟んだフレンチトーストのほか、ヨーグルトに一晩漬けてやわらかくしたり、ジュレソースにアレンジしたり、いちご飴をつくったりと、果汁グミだからこそできるレシピを紹介している。

また、子育て世代からの人気が高い果汁グミ。２０２４年３月には小分け・大容量タイプの新商品を発売した。家庭内でのおやつにグミが選ばれるシーンが広がっていることに加え、外出機会も増え、小分けの配り菓子としての需要も広がっていることから、子育て世代を取り込む形態の商品を展開していく。

ここ数年、伸長が続いているハードグミでは、「コーラアップ」や「ラムネアップ」も好調だ。さわやかな味わいとハードな食感が男性ユーザーを取り込んでいる。また、エナジードリンク

コーラアップ（明治）

ラムネアップ（明治）

の市場を取り込もうと、2023年春には「ブーストバイツ」を発売した。集中したいときにエナジードリンクを活用する人が増えている反面、エナジードリンクは「体に悪そう」などの不満や、持ち運びに不便などの課題が存在する。そこで、グミの独自価値によりそれらを解消する新商品を開発した。覚醒・集中をサポートする成分として、カフェイン、ローヤルゼリー、ビタミンB_1、B_6、B_{12}を配合し、スカッとしたエナジードリンク味に仕上げた。

ハード系の「キシリッシュグミ」を投入

明治は2023年春にハードグミを強化。さらに「キシリッシュ」ブランドを活用して、ハード系ミントグミの「キシリッシュグミ」も発売した。ガム市場は縮小しているが、ガムが持つ「かむこととミント」によるリフレッシュを求める層がいる。かみ終わった後に口から出さなければいけないなど、ガムが持つネガティブ要素を解消することで、ガムからグミへのスイッチを加速させる。

キシリッシュグミは、ガムユーザーにもなじみがあり、かみ心地のよい糖衣ガムに近い形状で、クリスタルミント風味となっている。

「健康価値」を重視する

一方で、健康志向グミのラインアップも広げている。40代以上の女性をターゲットにした「お口のミカタグミ」は、咀嚼により唾液の分泌を促し、お口のうるおいをサポートする。

同社の吉川尚吾さんは、「グミを通じて様々な健康価値の向上に貢献していきたい。オーラルフレイルが社会問題になり、かむということの健康価値が非常に重要だと考えている。グミの特性をベースに、日々の生活の中のどれだけ多くのシーンでグミが役に立てるか。テクノロジーの進歩も捉えながら、より生活の近くにある存在になりたい」と話す。それに、「これまでの小腹満たしですとか、お子さんのおやつといったイメージから、機能価値を持つ咀嚼剤形な

キシリッシュグミ クリスタルミント（明治）

お口のミカタグミ（明治）

ど、より健康になるためにグミを食べるというようなパラダイムシフトを実現させたい」と付け加える。

カンロ

「ピュレグミ」は、2022年に発売20周年を迎えたカンロのロングセラーブランドだ。F1層と呼ばれる20〜34歳女性をコアターゲットに想定し、〝おしゃれでかわいい、甘ずっぱいフルーツグミ〟をコンセプトに掲げる。

新しいターゲットを開拓してきた「ピュレグミ」

かつて日本のグミ市場は子ども向け商品が中心で、ユーザーの成長によるカテゴリー離れが課題となっていた。そこでカンロは、大人の女性をターゲットとする新機軸のグミ開発に着手。ピュア（純粋）とピューレ（果実を煮詰めたもの）の造語から命名し、酸味の効いたパウダーとフルーツ果肉のような食感を特徴とするハート型グミに仕上げた。

幅広い食シーンに対応できるジッパー付きのスタンディングパッケージを、グミカテゴリーとして初めて採用し、フック陳列によるポケット菓子売り場の創造を促した。これまでに発売したアイテム数は150種以上、累計販売数は10億袋を突破している。

グミの売り上げが44％に

カンロといえば、商品名にもなっている「カンロ飴」が想起される、ハードキャンディーの代表的なメーカー。だが、近年は「ピュレグミ」ブランドのグミ商品が同社の成長源となっている。「ピュレグミ」は、独自の〝すっぱいパウダー〟がフルーツのフレッシュな甘酸っぱさをイメージさせる。2020年からはキャラクターとのコラボ商品もラインアップするなど、SNSを活用した戦略も成功している。2019年に同社売上高の29％を占めていたグミは、2022年には44％を占め、グミ商品の売り上げが100億円を超えた。

Z世代へのマーケティングを強化

カンロがグミ市場開拓で注力しているのが、Z世代へのマーケティングだ。最初の食感はグミだが、食べているうちにマシュマロになる新食感の「マロッシュ」を、「15秒でマシュマロになるグミ?」というキャッチコピーで訴求。インフルエンサーを巻き込んだ動画をTikTokで拡散させるなど、ターゲットの利用メディア環境に沿った露出で、売り上げを伸ばしている。

直営店でギフト商品、購買シーン増やす

次世代食感グミ「グミッツェル」も人気だ。プレッツェルをイメージした形で、パリパリとした食感とグミのしっとりした食感を楽しめるもの。グレープやオレンジ、ソーダなどの味を用意している。2012年の発売以降、累計1600万点販売しており、直営店を出店する東京駅の定番ギフトになっている。

ヒットのきっかけは、コロナ禍に流行した咀嚼音を楽しむASMR動画。複数の動画クリエイターが、商品を使った動画を自発的に公開し認知度が向上した。ほかにない食感とカラフルな見た目は、SNSとの親和性が高く、新しいものを好む20〜30代のニーズにも合致した。

グミッツェルのサイズを小さくした「グミッツェルプチ」では、季節に合わせた限定デザインの商品を販売している。テトラ包装入りとし、家族や友人などとシェアできるようにしたほか、化粧箱入りデザインで、そのままギフトとして利用することも可能とした。

生産面では、2024年10月に松本工場（長野県松本市）を拡張する。約14億円をかけ、グミの生産能力を同工場で約3割、会社全体では約14％増やし、需要増加に対応する。

マロッシュ グレープソーダ味（カンロ）

カンデミーナグミ ジューシーパラダイス（カンロ）

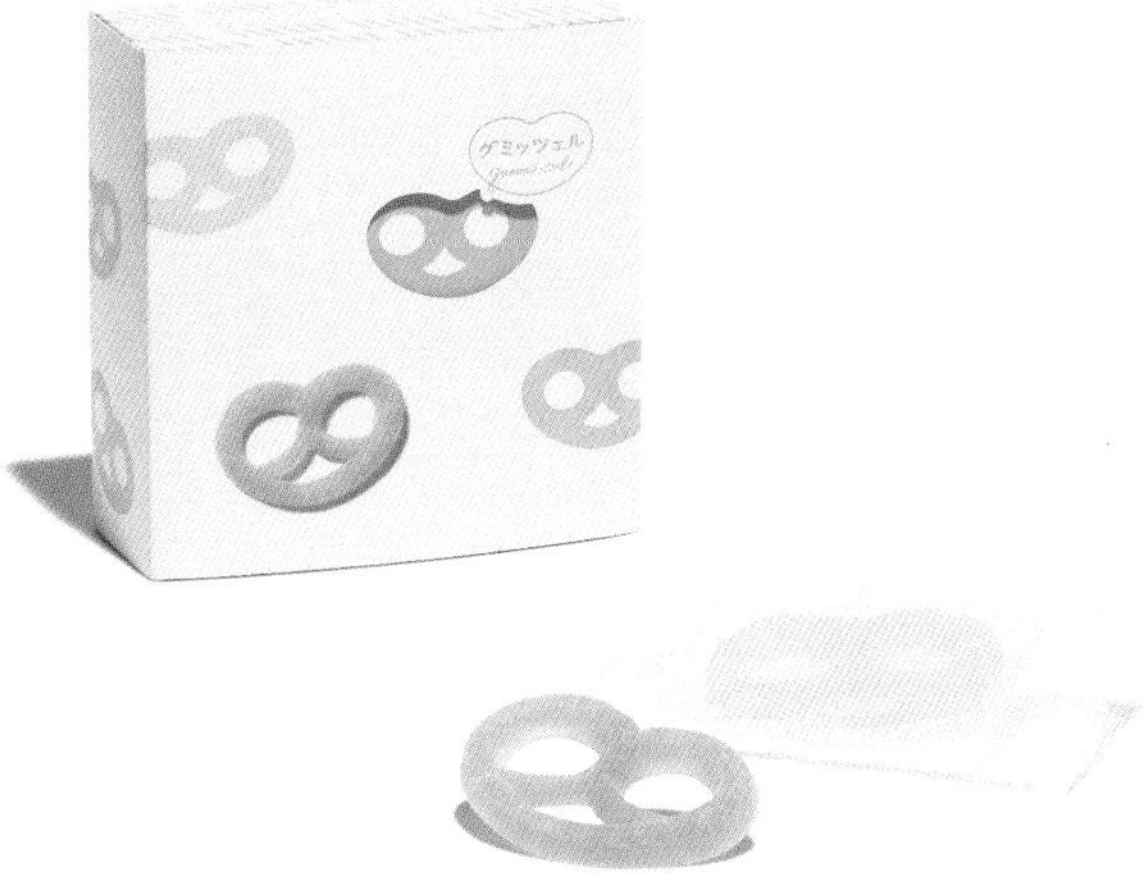

グミッツェルＢＯＸ ６個セット（カンロ）

UHA味覚糖

ソフトやハードな食感、果汁を使用したものや飲料系フレーバーなど、様々なグミを展開しているUHA味覚糖。過去10年でグミの売り上げ（「UHAグミサプリ」除く）は約3倍になった。中でも、水分を多く含んだグミをコラーゲンで包んだ「コロロ」は、ぷちっとはじけるジューシーな食感が多くのユーザーから支持されている。

また、1日2粒でしっかり栄養成分が摂取できるグミタイプのサプリメント「UHAグミサプリ」は、健康意識の高まりから需要が高まっている。ハードな食感にすることで、食べたときに満足感が得られ、毎日続けられるようにおいしく仕上げた。水なしでいつでも手軽においしく摂れるサプリメントとして訴求する。

ハード系のラインアップを強化

2022年春はハードグミのラインアップを強化した。発売30周年を迎える「シゲキックス」のほか、かみしめる〝鋼《はがね》〟食感グミ「忍者めし鋼　コーラ味」を発売した。∞（無限大）のようなWリング型の形状なので、引き伸ばしたり、折り曲げたり、口の中で様々なかみ方が楽しめる。

ここ数年、グミは気分転換やリラックス、ストレス解消など、シーンや気分に応じて選ばれ

忍者めし鋼　コーラ味（UHA味覚糖）

水グミ 巨峰味（UHA味覚糖）

さけるグミ　巨峰（UHA味覚糖）

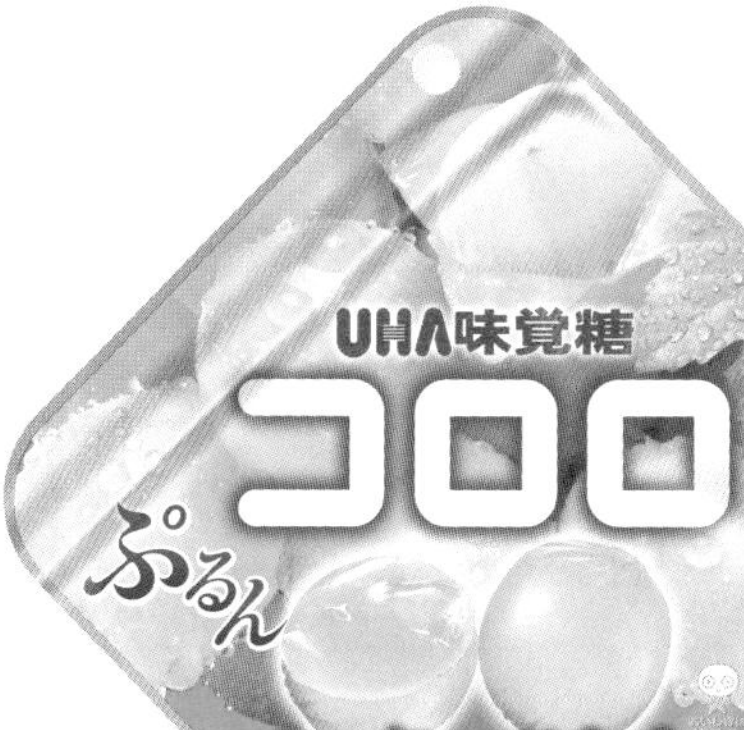

コロロ マスカット（UHA味覚糖）

始めている。特に、ハードグミは、仕事や勉強、家事をしながら小腹を満たせ、気持ちの切り替えのスイッチや集中したいときなど、様々なニーズにより支持されている。他社も力を入れており、男性ユーザーだけでなく、働く若い女性ユーザーも獲得している。

2022年は「水グミ」が話題さらう

2022年の『日経MJ』ヒット商品番付で西の前頭12枚目に入った「水グミ」。透明な見た目が話題を集め、「グミでありながら水」というネーミングの違和感も、若者などの関心をひいた。巨峰味と2023年に発売されたみかん味の2種類。「食感も水」というコンセプト通り、口溶けが良く、かつぷにぷにとした弾力を持たせて特徴を出した。さらに多くのグミが濃い味や酸っぱい味など、味の強い側面を押し出す中で、あえてあっさりとした飽きない味に仕上げた。それが他社製品との違いとなり、リピート購入を呼び込んでいる。

発売にこぎつけるまでにかかった期間は、3カ月～半年ほど。同社が過去に販売していた商品をベースに開発を進めたこともあり、試作は20～30回で済んだが、理想の透明感を再現するのに苦労したという。一般的なグミの製造工程では、砂糖を使うことが多く、褐色の物質を生み出す「メイラード反応」が起こって茶色くなる。ゼラチンも入れれば入れるほど黄色くなってしまう。また、グミ溶液を流し込む型にはとうもろこし由来のでんぷんを敷き詰めており、グミにその粉が付着すると透明感が損なわれる。

そこで水グミは砂糖を使わずに、また、こんにゃく粉を使うことでゼラチンの量を極力減らした。粉が付きにくいよう、試行錯誤も重ねた。製造ラインのテストは従来の倍以上に及んだという。

ハリボージャパン（ハリボー日本法人）

ドイツに本社を置き、2020年に創業100年を迎えた世界最大のグミメーカー、ハリボー社。1985年の日本進出以来、業績を伸ばし続ける。2023年1月、マーケティングを担うハリボージャパンを設立。ブランドオーナーの日本重視の構えから、従来ハリボーアジアパシフィック社（シンガポール）で行っていたマーケティング活動を、ハリボージャパンに移管した。もともと京阪神エリアのみで放映していたテレビCMを新たに福岡でも放映し、ブランドシェアを引き上げていく構えだ。

小サイズ（80グラム）で日本市場を攻略

ハリボージャパンでは「欧米のトップブランドは30～40％のシェアが当たり前、ブランド認知度があれば黙っていても売れる市場だが、日本では競争が激しく改廃も多い。セールスポイントをパッケージでうたうことが当たり前のように行われており、２０２０年に80グラムにサイズ変更した際に、『ヨーロッパナンバーワンブランド』のアイコンを入れるなど工夫した。さらに、味のバリエーションが多い商品については、味の説明が必要なため、ＳＮＳでコミュニケーションを取っている」と説明する。

標準サイズが１００グラムの頃は売価が２３０円で、ほかの国内のグミと比較しても割高なイメージがあった。販路を量販店に広げていく戦略で、80グラムに減らすことで２００円以内（２０２０年当時は１７８円）に抑え、値ごろ感を出すことに成功した。引き続き、スーパーとドラッグストアでの配荷率を上げ、さらにシェアを伸ばすことを目標に位置づける。

量販店でハリボー専用コーナーを展開

輸入元の三菱食品では「グミ市場が世界的に盛り上がる中、『ハリボー』の強みはゴールドベアのキャラが立っている点にある。この強みを活かしてどんどん仕掛けていきたい」と意欲的

ハッピーグレープ80g（ハリボー）

ハッピーコーラ80g（ハリボー）

グレープフルーツ80g（ハリボー）

スターミックス80g（ハリボー）

で、具体的には「量販店様などに向けて什器《じゅうき》を用意して、グミコーナーを提案していく。我々の商品だけではなく、カテゴリー全体の売り上げが上がるような提案内容」（志村智則さん＝輸入商品開発本部第三グループマネージャー）だと言う。

「ゴールドベア」に次ぐ商品を育成

商品面では、競合商品が増加傾向にある中、同社は主力商品の「ゴールドベア」、「ハッピーコーラ」に続く柱商品の育成に注力している。その最右翼と位置づけるのが「スターミックス」。幅広い層に支持される「ゴールドベア」に対し、「スターミックス」では新たに若年層を掘り起こしていく。スポット商品では「スーパーマリオ」とのコラボ商品をコンビニで先行発売し、2023年8月からはスーパーマーケット、量販店にも拡大した。同年10月には、市場で伸びているサワーフレーバーの新商品「ミックスサワー」を投入した。

ハリボージャパン代表の下出香織さんは「弊社の強みは、『ゴールドベア』という他社にはないキャラクター。『ゴールドベア』は、認知度が高く、長年多くの消費者に愛されている。この情緒的価値、文化のようなものを上手に多くの世代につなげていきたい。引き続きコマーシャルに力を入れ、店頭では三菱食品の力を借りながら、ブランドのバラエティーの豊かさを伝えるため、ハリボーだけのコーナー化を図っていく。また、消費者との接点やブランド体験を増やすため、サンプリングにも積極的に取り組んでいきたい」と話す。

ハード系グミ人気に勝算

また、「ハリボー」がハードタイプのグミに属する点でも勝算を見込む。「グミ市場は世界的にも、チューインガムやタブレットが落ち込むのと反比例して伸びており、特に2022年は供給がものすごくタイトになるほど伸長した。子どもやZ世代を中心に幅広い層に支持され、40～50代もハードタイプのグミを食べるようになったことで、今後も成長が見込まれる」（志村智則さん＝三菱食品）と期待する。

グミ市場を支える地方メーカーと菓子卸

オホーツク海をのぞむ北海道網走郡津別町。人口4000人ほどの小さな町で、全国からグミの生産依頼が舞い込む菓子メーカーがある。1947年創業のロマンス製菓だ。隣町の北見産ハッカを使った飴が「北海物産展」などで人気を誇るほか、以前から「甘酒ソフトキャンディ」などのユニークな商品を手掛けることで知られる。

同社は1990年代初めからグミの製造販売をスタート。「スーパーマーケットなどの一般流通というより、当初から観光地の土産物としてグミに取り組んできた。最初はメロン味、それに続いて余《よ》市《いち》のリンゴ味など。グミは形状が自由につくれるので、オホーツク海のクリオネ型なども手掛けていった」と、松田一生社長は振り返る。

地域の特徴ある食材を活用

地域の特徴ある食材を材料に使ったグミがロマンス製菓の成長を支える。道外の水族館向けなどにも、OEM（相手先ブランドによる生産）によって、多くの製品を提供。グミ人気のなかで、生産ラインはフル稼働が続いている。全国から新たな製造依頼が多く寄せられているものの、「製造能力が限界に達しているほか、従業員数の制約もある」（松田社長）ことが頭の痛いところ。そんな中でも、道南限定の人気商品「踊るいかグミ」や、最近では「クマヤキ」という津別の名物焼き菓子をかたどったグミを発売するなど、北海道の企業ならではの商品づくりで地域に貢献している。

地方に点在する有力メーカー

グミを生産するメーカーは地方に点在する。大手でも「フェットチーネグミ」のブルボンは新潟県、「つぶグミ」の春日井製菓は愛知県、「タフグミ」のカバヤ食品は岡山県といった具合だ。JA全農が「ニッポンエール」のシリーズで各地の果物を商品化しているように、地域のメーカーは地元産の素材のPRだけでなく、雇用にも貢献している。

流氷王国 クリオネグミ（ロマンス製菓）

愛知県北名古屋市に本社を構える日進乳業も、グミ市場の成長を支える企業のひとつだ。もともと菓子のOEMを手掛けてきたが、2017年に専門組織の「グミ研究所」を立ち上げた。「地元の農産物をグミにしたい」「栄養補完のグミサプリを海外に売りたい」といった相談が、毎日のように舞い込む。一定量以上であれば受託生産に応じているほか、2021年からは自社のオンラインショップで、加工用のグミの販売を始めた。加工に際しては、湯煎《ゆせん》でグミを液体状に溶かし、そのまま食材にコーティングするといった方法で、簡単にリンゴ飴風のグミがつくれることをアピールしている。

グミの「駆け込み寺」と呼ばれるメーカーや卸も

業界では知る人ぞ知るOEM専業で、「グミの駆け込み寺」とも呼ばれる、富士高フーヅ工業の工場は埼玉県羽生《はにゅう》市にある。さらに韓国系の輸入商社なども、海外から話題の商品を集めてくる存在で、グミ市場のけん引役として無視できない。

ロマンス製菓と同じ北海道に本社を置く菓子卸、ナシオもグミに力を入れる存在だ。有力な生活協同組合（生協）や食品スーパーのPBのグミの企画にも携わる。また、セブン-イレブン・ジャパンの取引先卸として、セブン-イレブン・ジャパンとグミメーカーとの橋渡しをし、売り場づくりに貢献している。営業担当の奈良かんなさん（CVS事業本部首都圏営業部リーダー）はSNSの情報に日々目配りし、トレンドの把握に努める毎日。「この1年ほどで、グミはものすごく身近なお菓子として消費者に浸透してきた。品ぞろえの幅を広げ、『お気に入り』のグミが買えるような売り場づくりを意識している」という。

第4章

企業と生活者による「共創」

第2章ではグミとは何者なのかを整理した。①「幸せ感」につながる小腹満たし・気分転換、②「コスパやタイパ」につながる代替ニーズを満たす、③「楽しさ」につながるバラエティーの豊かさ、④「期待感」が高まる相次ぐ新商品の登場、⑤「つながっていることを実感」できるコミュニケーションツール、というのがグミが持っているベネフィットだ。

これらのベネフィットは、ヒット商品に共通する。そして、ヒットするには、さらに3つの要素が必要だ。その「ヒットの法則」のひとつ目は「驚き・感動があるか」、2つ目は「納得感はあるか」、そして3つ目が「誰かに伝えたくなるか」だ。これらの要素は相互に影響を及ぼすため、各商品やサービスの特性、市場の状況に応じて適切に組み合わせることが大切になる。

まずは「驚き・感動」があるか

「驚き・感動があるか」のポイントは、製品やサービスが市場に新規参入する際の最も基本的な要素とも言える。新しい視点や独自の特色を持っているか、ほかとは違う革新的な点は何かということだ。新しい製品やサービスは、既存のものとは異なる、何らかの特徴や価値を持つことで、それが「驚き・感動」として消費者に伝わると、注目を集めやすくなる。

そして「納得感」があるか

ただ、製品やサービスに「驚き・感動」の要素があっても、それが消費者の実際のニーズや期待に応えられなければ、ヒットはつくれない。「納得感」は、その商品やサービスが提供する価値を消費者が感じ、それに納得できるか——ということだ。製品やサービスが持つ実際の価値が消費者にとって理解しやすく、また受け入れられるかどうかを示している。

この納得感は、価値観が揺らぎ、不透明な時代、つまり「正解」のない時代だからこそ大切になっている。杉並区立和田中学校で校長を務めた、リクルート出身の藤原和博は著書『学校がウソくさい』の中で、「今後の社会で必要なのは、正解よりも、自分や他者が納得できる『納得解』を導く力。情報処理能力ではなく、異質な要素を掛け算する『編集力』」だと指摘する。教育の現場でも、○×を問うような問題ではなく、「腹落ちする」ような理解をしてもらうことの必要性が高まっている。

「驚き・感動」「納得感」があれば「伝えたくなる」

また、製品やサービスがヒットするためには、消費者自身がその良さを他人に伝えたくなるような要素が含まれていることも大切になる。「誰かに伝えたくなるか」は、他人にその存在や

ヒットの法則

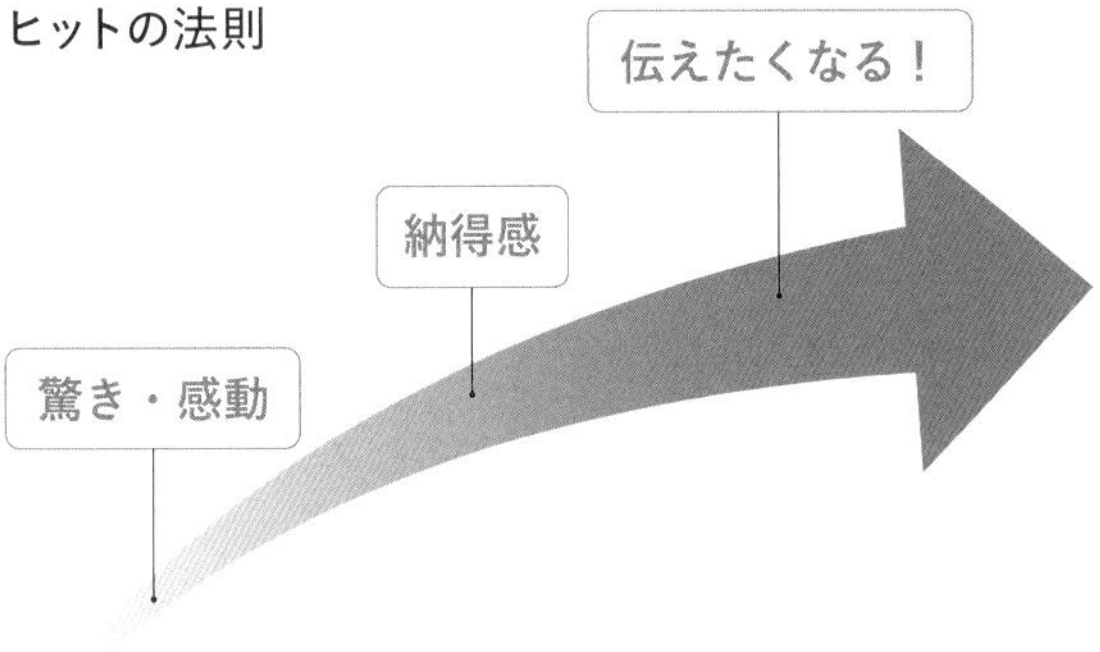

出典：筆者作成

体験を伝えたくなる魅力があるかということだ。情報社会では、口コミやSNSを通じた情報拡散が非常に重要になっている。「誰かに伝えたくなる」要素は「バズ」や「拡散力」を持つこととも言え、ヒットの重要な要因となる。

3つのセットで「マス」のヒットの可能性も

「驚き・感動」と「納得感」、「伝えたくなる」の3つがそろえば、繰り返し商品を手に取ってくれるリピーター（リピート購入者）ができ、そのリピーターがファンになってくれる可能性がある。後述するが、ファンは商品を熱狂的に愛顧してくれ、ブランドが難局に陥ったときには支えてくれる存在だ。さらに知人に商品を薦めてくれる。ヒットがより大きく、マスにつながる可能性が大きくなる。

グミの人気は「ヒットの法則」が証明

この「ヒットの法則」をグミの人気に当てはめると、どうなるだろうか。グミの市場では定期的に新しいフレーバーや特異な食感の製品が登場している。例えば、実際のフルーツの味を再現した果汁入りグミや、硬めの食感を持つグミなど。また、「地球グミ」のような一風変わったデザインで、消費者の予想を超えるような商品も登場している。これらの新製品は、消費者に新しい体験を提供することで、驚きを生む。

納得感については、まずは品質と価格のバランスが重要だが、グミは一般的に手頃な価格で手に入るため、その価格に見合った満足度や納得感を消費者に提供できていると考えられる。また、ビタミンを含んだグミや、糖質オフのグミなど、消費者の健康や美容への関心に応える製品が多く存在する。これにより、消費者は納得感を持ちやすくなる。

「誰かに伝えたくなるか」については、グミのカラフルな見た目やユニークなフレーバーは、SNSでシェアしたくなる気持ちを生み出す。特に、Z世代などの若い層では、新しい体験をSNSで共有することが一般的だ。加えて、任天堂の「ポケモン」や「ゼルダの伝説」のような人気キャラクターとのコラボレーションは、ファンからの注目を集めやすい。友人や知人と共有したくなるインセンティブが生まれてくるからだ。

「Z世代にとってSNSは情報収集の場所である以前に、コミュニケーションツールと言える。『地球グミ』はまさにいい例だ。真っ青な見た目が特徴のこのグミを食べる動画がTikTok上で広まったことで、『同じ体験をして動画を撮りたい！』と感じるZ世代が増え、一瞬にして店頭から商品が消える一大ブームを巻き起こした。Z世代はSNSに投稿するために皆と同じ体験をすることで、トレンドに参加できるだけでなく、周りとのコミュニケーションも楽しんでいる」（「SHIBUYA109lab.」所長の長田麻衣さん）

「アクセスのしやすさ」「持続的な進化」も

ヒットの法則を少し拡張すると、手に入れやすく、使用するのが簡単だという「アクセスのしやすさ」と、長期的に関心を保てるものであり、時代やニーズの変化に適応する柔軟性があるという「持続的な進化」が加えられる。

製品やサービスがどれだけ素晴らしくても、消費者がそれを手に入れることが難しかったり、使い方が複雑であれば、広く受け入れられることは難しい。使いやすさやアクセスの容易さ、タッチポイント（商品と出会える接点）の多さはヒットする要因として考慮すべきだ。また、一時的なブームやトレンドに乗った商品やサービスも多いが、長期的なヒット商品としての地位を確立するためには、その魅力を持続的に提供し続ける能力や、時代の変化に合わせて進化していく柔軟性が求められる。

その点、グミは手頃な価格帯と、全国で5万5000店を超えるコンビニエンスストアの店頭で毎週のように新商品が並ぶといった魅力がある。しかも「果汁グミ」や「ハリボー」のような定番商品も、きちんと消費者から支持を得るように季節限定や容量変更などの〝微調整〟を続け、息の長い商品になっている。

ファンがブランドを育てる

ファンがブランドや企業を成長させる——。スポーツ選手やチーム、演劇、映画などのエンターテインメントの世界は「ファン」と呼ばれる熱心な支持者の応援で成り立っている。お気に入りの存在を深く理解し、共感し、支持をしてくれるのがファン。企業もそんなファンに応援してもらえたら、安定的な成長が得られるのではないか。

愛着度（熱量）が高いファンは顧客生涯価値(※)（LTV）も高くなり、周りに一生懸命に推奨して

※ある顧客から生涯にわたって得られる利益のこと。

くれる存在だ。だから熱量の高いファンは企業やブランドにとって大切な財産であり、収益の基礎になる。そうした視点から、マーケティングの大家であるフィリップ・コトラー教授によるマーケティングの進化仮説に当てはめて、グミのヒットを考えてみる。

【マーケティング1・0】製品中心のマーケティング。需要が供給を上回っている時代であり、求めている消費者に売る。ただそれだけで済む古き良き時代。

【マーケティング2・0】いわゆる「消費者志向」のマーケティング。商品を見せて「あなたにはこれが必要です！」と説明する作業が必要になる。消費者側の目線に立ち、感情のこもった売り方をし、消費者の機微に触れ、満足させることで、より確実に商品を売るという考え方だ。企業は消費者の日々の生活には様々な課題があるということを理解し、その解決のために商品を提供しなければならない。

【マーケティング3・0】「人間中心のマーケティング」とも呼ばれる。企業は単なる商品の提供者ではなく、消費者の心の中に届くような価値を提供する存在として自らを位置づける。消費者は単なる機能性を求めるだけでなく、企業の背後にある価値観や哲学に共感する。

SNS時代にあって消費者（生活者）は、世界や自分自身、友人たちのことを「良い存在」だと感じたい。商品を買う段階でも、消費者はその商品が「良い存在」かどうかを重視する。

【マーケティング4・0】デジタル革命が進行する中で、オンラインとオフラインの融合が進む。消費者の購買行動や情報収集行動も、従来のメディアだけでなく、多様なチャネルを通じて行われる。SNSは消費者が自己主張できるようにした。企業にとっては、自社の製品やサービスを使ってもらうと自己実現が可能になる、といったイメージを持ってもらう取り組みが重要になる。

【マーケティング5・0】テクノロジーと感性が結合した時代。企業はAI（人工知能）やIoT（モノのインターネット）を活用して、一人一人の消費者に合わせたパーソナライズされた経験を提供することが求められる。AIのためのアルゴリズム開発やロボット工学、仮想現実（VR）などといった領域に踏み込み、どう使いこなすかが企業のマーケティングの明暗を分ける。

マーケティング4・0以降に顕在化したファンの重要性

ファンが市場をつくっていく――という現象は、特に「マーケティング4・0」以降に強く見られる特徴だ。デジタル技術の普及により、消費者自身が情報発信者となり、自らの好きな商品やブランドについてSNSなどで意見を発信し、それがバズることで大きな影響力を持つようになった。

マーケティングが目指すのは、売れる仕組みを開発し、継続させていくことだ。X（旧ツイッター）のハッシュタグ（#）でファン同士が気軽につながり、共通の推しについて盛り上がれるのが現代。ソーシャルメディア時代における企業とファンの関係性はさらに強まっている。

グミのように、特定の商品やフレーバーがSNSで話題になり、短期間で大きな市場の動きを生んだり、消費者からのフィードバックや要望が直接メーカーに届き、それが新しい商品開発につながったりすることも増えている。こうした動きは、消費者やファンが市場の動向を主導する現象としてとらえられ、結果として市場拡大をけん引する。

グミ市場は、こうしたファンに支えられている。「地球グミ」のような一過性のヒットもあるが、きちんと定番商品があるのはファンの存在があるからにほかならない。

消費者主体の市場では、企業側も消費者とのコミュニケーションを重視し、より緻密に市場の動きを捉える必要がある。ファンやコアな消費者と強い結びつきを持つことで、持続的な市場の拡大を期待できる。

2割の優良顧客が、売り上げの8割を支える

ファンの気持ちに寄り添い、愛着を深めるために、SNSを活用する日々の接点は重要である。佐藤尚之は、その著書『ファンベース』で、ファンを大切にし、ファンを基盤として中長期的に売り上げや商品の価値を高める重要性を説く。「パレートの法則」にあるように、2割の優良顧客が、売り上げの8割を支えているという現実があり、強い支持者は、新たなファンをも呼び込む。昨今では、社会の課題を踏まえながら、多様な主体が「共創」をして新たな価値を創出することが期待され、ファンは共創の一翼を担う。

一方、ファンと消費者は違う。消費者は製品そのものに目を向けるが、ファンは「製品が意味すること」に注目する。企業の志（パーパスやビジョン）や、未来へ向かう「物語」が共感を呼び起こす。成功しているブランドには、顧客が参加できる物語があり、ファンと消費者を分けるのは、そのブランドに関わる自らの関与の度合いだ。だから、米国のバイクメーカー、ハーレーダビッドソンの「ファンミーティング」のような場が求められる。

ファンを裏切らない姿勢

ファンは気まぐれでもある。夢中になっていたかと思えば、熱が冷めるときも訪れる。企業を応援することに喜びや幸せを感じ、一緒にいてくれる状態をどう維持すればよいのだろうか。「お客様は神様」と言われるが、ファンは違う。熱心なファンによって企業やブランドが〝炎上〟の対象になれば、ダメージは計り知れない。そのさじ加減は、技術や技法ではなく、ファンを裏切らない姿勢だ。大手芸能事務所の元社長による性加害問題も裏切り行為のひとつだった。

大切な人に思いをはせ、共に成長しながら、新たな価値を創造して幸せをもたらす。そんな企業やブランドが支持されることは間違いない。

ファンマーケティング

人口減少社会の日本にあっては、顧客自体が物理的に減っていく。そうした中では、継続的に自社の商品やサービスを手にしてくれるリピーターや、商品に愛着を持つファンをいかにつくっていくかがマーケティング上の重要課題だ。

ファンを軸にしたマーケティングをもう少し説明すると、その特徴は、まずファンである彼ら・彼女らは単なる購入者以上の存在で、ブランドや製品に対して深い関与とエンゲージメント（関係性）を持っているということだ。このエンゲージメントを高めることが企業にとって収益拡大のカギになる。また、ファン同士は集まって、コミュニティーを形成することも多い。だから、ブランドはコミュニティーをサポートし、双方向のコミュニケーションを取る必要がある。それによってエンゲージメントが高まっていく。

こうしたマーケティングのメリットは、持続的な収益を担保し、口コミ効果で新たな顧客を獲得できる可能性を持つ。そして、ファンからのフィードバックや要望は、製品開発やサービス改善のヒントになることが多い。一方、ファンはブランドに対して高い期待を持っているため、製品やサービスに問題があると、その失望感も大きくなる。ブランドにとっては継続的な努力やコミットメントが必要になるわけだ。

「認知」から「推奨」へつながるカスタマージャーニー

グミ市場の拡大は、各ステージで変化する消費者ニーズや価値観に応え、テクノロジーの進化を取り入れることで、顧客志向のアプローチを強化してきたたまものと言える。

マーケティング4.0

企業と顧客のオンライン交流とオフライン交流を
一体化させるマーケティング・アプローチ

▼

顧客の推奨を踏まえた新たなカスタマージャーニー

5つの「A」

認知 Aware ▶ 訴求 Appeal ▶ 調査 Ask ▶ 行動 Action ▶ 推奨 Advocate

出典：筆者作成

デジタル時代は、認知（Aware）→訴求（Appeal）→調査（Ask）→行動（Action）→推奨（Advocate）の５つの「A」を消費者はたどっていくとされる。こうしたカスタマージャーニーの理想は、そのブランドを認知した人すべてがそれを推奨している状態だ。だが、それは現実には難しい。認知している顧客を推奨まで誘導するためには、時にブランドの弱点をさらけ出すことも必要になる。

「人間くささ」をさらけ出すことで親近感が生まれる

『コトラーのマーケティング４・０』著者の一人であるイワン・セティアワンは「ミレニアル世代は自撮りした写真を加工して投稿するが、それより下の世代では加工せずにそのまま投稿する。若い世代は完璧なものがあるなどとは信じていない。弱点をさらけ出しているブランドが、正当性があるとして支持され愛される」（2019年7月16日に開かれたトランスコスモス社主催の講演会での発言）と指摘する。（「日経クロストレンド」2019年7月24日）

後述するが、企業やブランドが支持されたり、共感されたりするためには、「自分のブランド」と思ってもらうことが大切であり、その際に「人間くささ」のような雰囲気も必要だということをセティアワンの発言は示唆する。グミ市場の拡大も、なんとなく「かわいらしく」「いとしい」存在だと思ってくれるファンの存在を無視できない。

感情や価値観のつながりの必要性

マーケティングやブランディングの世界では、「感情的コネクション」という言葉がある。消費者の感情や価値観とのつながりを重視したもので、ブランドや製品が持つ物語性や背景、その価値観や姿勢などが、消費者の感情や信念と「resonate（響き合う）」ことを意味する。

例えば、人権や環境に配慮したエシカル（倫理的）な取り組みと、特定のコミュニティーへの支援をしているブランドがあったとする。焦点を当てる部分や意図は異なるが、成功する製品やブランドは、多くの場合、両方の要素を兼ね備えている。つまり、消費者に驚きの体験を提供すると同時に、感情的コネクションを築いている。

メッセージやストーリーテリングが心を動かす

感情的コネクションは、消費者との強力な関係の構築やブランドロイヤルティ（ブランドに対する信頼感・愛着・親近感）の確立のために忘れてはいけない視点だ。マーク・ゴーベは著書『エモーショナルブランディング』で、ブランドと消費者の間の感情的な結びつきの重要性に焦点を当てた。消費者がブランドや製品との間に感情的な結びつきや関係性を感じるようにデザインされたメッセージやストーリーテリングは、人々の心を動かし、ブランドとの深い結びつきを形成すると指摘している。

感情的コネクションは、ブランドや製品との間に感じる喜び、信頼、安心感などのポジティブな感情や、共有する価値観、思い出などに基づくことが多い。これが強いと、消費者はそのブランドや製品にロイヤルティを持ちやすくなり、リピート購入の確率も上がる。

「子ども時代の思い出の味」が感情的な価値を生む

グミの形や色、パッケージのデザインは、楽しさや食べる喜びを強調する。ハリボー社は「子ども時代の思い出の味」をマーケティング戦略で打ち出すことで、製品に懐かしさなどの感情的な価値を持たせ、消費者がグミを選ぶ動機につなげている。そして、グミは友人や家族との共有に適した菓子であり、グミを通じたコミュニケーションや共有の瞬間は、消費者とブランドとの間の感情的なつながりを強化する。

多様なフレーバーは、新しい味の発見という驚きや喜びを提供する。消費者が新しいフレーバーに出会うたびに、ブランドに対する好奇心や期待感が高まっていく。

グミのヒットには、感情的コネクションづくりの手法と、それが生み出す消費者との絆が大きく寄与している。この組み合わせが、グミを単なる菓子から、消費者の心に残る存在へと昇華させている。

特定の商品や人物に熱狂する集団

ゾーイ・フラード＝ブラナー＆アーロン・M・グレイザー著『ファンダム・レボリューション』は、ファンダム（特定の商品や人物に熱狂する集団）の活動が、かつてないほど活発になっていると指摘する。「誰かとつながりたい」「自分に適した居場所を見つけたい」という心理が、SNSの発展に合わせて顕在化し、盛り上がっている。

コアなファンは、自分の好きな商品やサービス、好みの人物に、相当な熱量を持って接する。実際に好みの商品などに触れる機会があれば、ファンダムの中で大変な盛り上がりが期待できる。

例えば、ファンミーティングのようなリアルなイベントを定期的に催せば、コアなファンの間で、商品やサービス、その商品やサービスを使う人物に対するロイヤルティが高く維持されやすい。そうして彼ら・彼女らから確実に収益を上げられる。その上で、ファンから知り合いの消費者に向けて拡散してもらい、さらなる収益アップやブランド力向上が期待できる。

「もっと応援・協力したい」と考えているファン

ファンは「もっと応援したい、協力したい」と考えている。常にSNSに上げるネタを探している。つまり「新しい応援・協力の仕方」を求めているわけだ。購買するだけでなく、ブランドに触れる機会を探し、もっと大好きなブランドの役に立てる方法はないのかと、待ち続けている。だから、ファン同士が交流できる場を提供したり、そのコミュニティー形成を支援したりすることも大切だ。

コミュニティーが形成されると、その中での口コミや情報共有が加速していく。企業はその口コミや情報共有を尊重する姿勢が求められ、イベントや特別なプロモーションを展開してファンへの感謝や還元をする工夫も必要になる。ここに企業とファンが共創して新しい価値を生み出すチャンスがある。

ファン化のプロセス

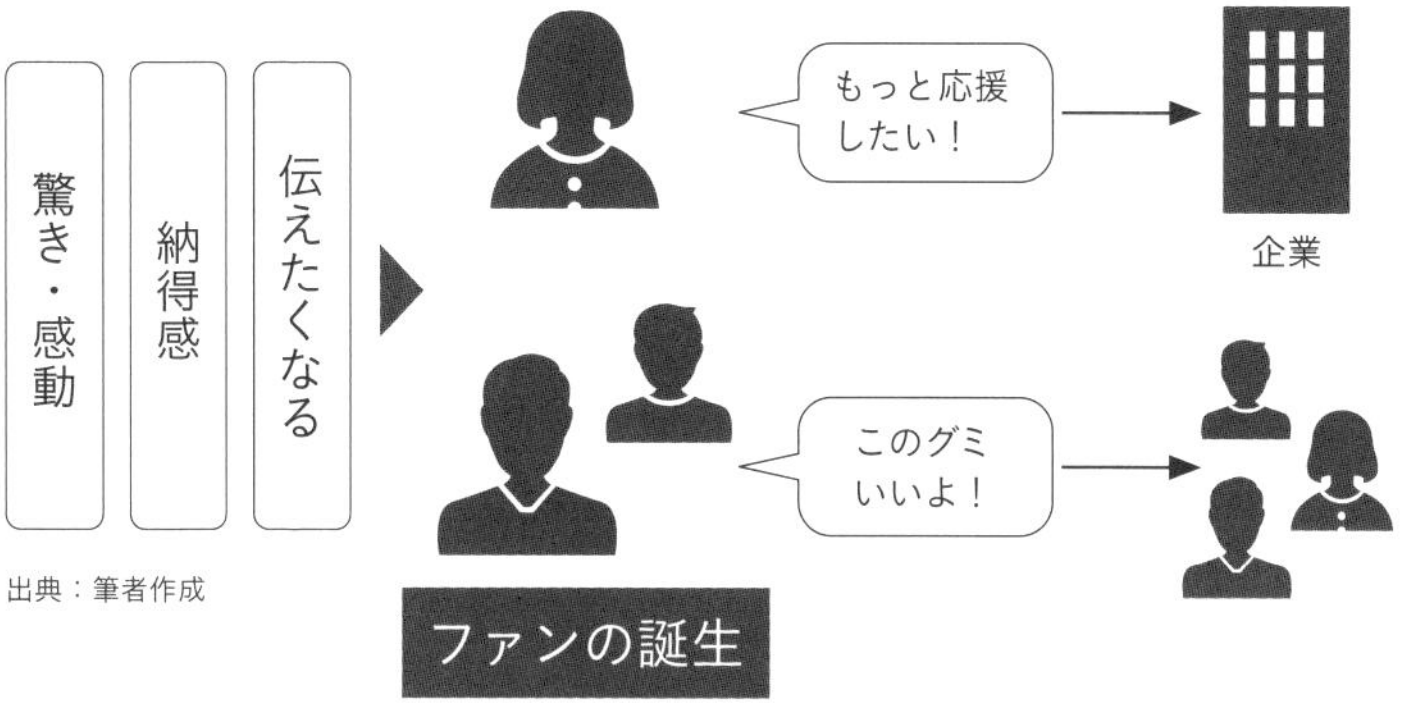

出典：筆者作成

「単なるプロモーションでしょ」と思われたらおしまい

ファンを大切にし、そのファンをベースに中長期的な売り上げや価値を上げていくのが、ファンマーケティングの意味するところだ。ファン向けの中長期的な施策をベースとして、新規顧客への短期的な施策を組み合わせることも、ファンマーケティングの要諦《ようてい》になる。ただ、忘れてはならないのは、ファンとなる生活者に「単なるプロモーションでしょ……」と思わせないことだ。ファンに共感してもらうということは、組織全体の課題意識が問われる。

SNS時代に登場した「勝手連」

SNS時代は、企業や商品・ブランドを消費者が「勝手連」のように応援するケースが増えている。勝手連という言葉は、特定の対象（商品やブランド、アーティスト、スポーツチームなど）を熱心に応援し、自発的にその対象の普及や広報活動を行うファンの集団を指す。この現象は、消費者と企業やブランドとの間に深いつながりや共感を生む要素として非常に価値がある。

特に、若い世代がお金をかけるに値すると感じる価値は何なのかを考えると、熱量が高いのは「何かを応援する」という行為だ。応援したいモノ、コト、ヒトにお金をかける推し活は、若者のライフスタイルで大きな位置を占める。企業が持続可能な成長を続けるためには、そうしたファンに応援されるブランドになることが大切だ。

「共感」を生むストーリーの必要性

そのためには「共感を生むストーリー」が必要だ。企業やブランドが持つ背景や価値観、ミッションなどの物語が、消費者の心に響き、共感を得られるか。また、企業やブランドが、消費者やファンと直接的にコミュニケーションをとり、フィードバックを真摯《しんし》に受け入れることで信頼関係が築ける。つまり、「開かれたコミュニケーション」が必要不可欠になるわけだ。そして、ほかの企業やブランドとは一線を画す、独自の特色や魅力といった「独自性」も消費者の心をつかむためには必要な要素だ。

勝手連がグミを応援

「勝手連」のような熱心なファンが形成されることで、そのブランドや商品は持続的な成長が期待できる。これはトップダウンの広告や宣伝よりもはるかに強力で、費用対効果の高いマーケティング活動と言える。

２０１３年にスタートした「日本グミ協会」

グミ市場で「勝手連」を担っているのが、日本グミ協会だ。現在会員が3万人を超え、Xのフォロワーは18万人もいる。２０１３年に同協会を立ち上げた武者《むしゃ》慶佑《けいすけ》名誉会長は、ハッシュタグをつけて新作のレビューを書き、人に会えばグミを配るなど、コツコツと活動の幅を広げた。その後、ＵＨＡ味覚糖が商標登録していた9月3日の「グミの日」に焦点を当てたキャンペーンとして、他社を巻き込んだコラボ活動を展開し始めた。

もともと、ＳＮＳを運用する広告会社に勤めていた武者さんが日本グミ協会を設立したのは、若者のハッシュタグ文化を知るためだった。ＳＮＳの広がりを実感し、グミの人気がリンクしていることを知ったという。特にＴｉｋＴｏｋなど動画との相性がよく、様々なグミを紹介したり、グミで映えるドリンクをつくったりといった動画が数多くアップされていたという。

「グミニケーション」を提唱・定着化

日本グミ協会は、ＳＮＳでグミをコミュニケーション手段にする造語「グミニケーション」を提唱する。協会公認の「日本グミ協会名誉会員」のアイドルやインフルエンサーが、ＳＮＳで情報を発信し、グミを通じて多様な人がつながって、この言葉が定着していった。

グミを使ったレシピを提案する「あいうえお」さん

発信するコンテンツもユニークだ。例えば、日本グミ協会で会長を務める「あいうえお」さんが提案する「グミのカプレーゼ」。生ハムに、ミニサイズのチーズ、オリーブオイルに塩こしょう……。王道のイタリアン食材が並ぶが、続いて登場したのは、なんと市販のメロン味のグミ。「グミの甘さが、チーズと生ハムの塩気と相まっておいしい。グミの中から出てくるとろりとしたジュレが、本物のメロンの果肉のようで、まったく違和感なく食べられる」（あいうえおさん）。見た目もかわいらしく、包丁なしでも手軽につくれ、パーティーで出しても違和感がなく、華やかなメニューとして人気が出そうな雰囲気だ。

飲み物では、レモン味のグミ適量を電子レンジで焦げないよう加熱して溶かし、刻んだグミ、ソーダ水とともにグラスに入れるだけで楽しめる「レモネードサイダー」。グミのほのかな甘みや食感が新鮮だ。大人向けには、好みのグミとビールを合わせた「ビアカクテル」も、あいうえおさんのお薦めだ。

『日経MJ』の取材に、あいうえおさんは「フルーツグミは、どれも味の再現度が高いので、フルーツを使うレシピには代用品として割と何にでも使える」と話している（『日経MJ』2022年9月30日付）。

企業の壁を取っ払った市場活性化をサポート

日本グミ協会は、企業の壁を越えた市場活性化の取組みも支援する。2017年に春日井製菓、カバヤ食品、カンロ、UHA味覚糖などのメーカーと「GUMMIT（グミット）」を発足。同年の「グミの日」からメーカーの枠を超えた共同プロモーションを展開し始めた。

グミットには、JA全農が展開する「ニッポンエール」（2021年）、ハリボージャパン（2023年）も加わり、市場活性化の取り組みの輪が広がっている。

2023年のグミの日には、東京・原宿で4年ぶりにリアルイベント「グミ文化祭」が開かれた。明治通り沿いのイベントスペース「PLAT SHIBUYA」には600人を超えるファンが集まった。協会バーチャル副会長「琴吹ゆめ」が、目隠しした状態でグミを食べたり、パッケージを触ったりしながら商品名を当てることにチャレンジする姿に、ファンたちは目を輝かせた。

参画メーカーもブースを構え、試食など通じてファンとのコミュニケーションに力を入れた。こうしたイベントの様子を、「#グミ文化祭」を付けてSNSに投稿した人に、限定のオリジナルステッカーをプレゼントするなど、グミの日を盛り上げた。Z世代の名誉会員のひまひまさん（ひまひまチャンネル）、葵るりさん（ukka）、佐々木楓菜さん（ラフ×ラフ）、小久保柚乃《ゆの》さん（私立恵比寿中学）が、新しい「みんなで遊べるグミ」を考案し、その途中経過と結果をUHA味覚糖がYouTubeで発信した。

セブン-イレブンやウエルシア、ロフトなどがキャンペーン

2023年は大手小売業が「グミの日」キャンペーンを展開する動きも目立った。原宿のスリーコインズの店舗では「グミット」参加メーカーのコンセプトを紹介しながら主力商品を販売した。生活雑貨店のロフトは、全国の147店舗とロフトネットストアで「グミウィーク2023秋」を開催した。ロフトのグミイベントは、2017年から始まり7年間で9回目。2023年は初参加の5ブランドを含む26ブランドを集めた。

セブン-イレブン・ジャパンや、ドラッグストアのウエルシアホールディングスもPOP広告を付けた売り場をつくった。

コンビニはほかの小売りに比べて新商品を先行販売することが多く、限定商品も取り扱う。

2023年にPLAT SHIBUYAで開催されたグミの日イベントの様子（著者撮影）

グミの日イベント内の試食コーナー（著者撮影）

新商品の発売日になるとグミを目当てに来店する消費者がいるほどだが、グミの日のプロモーションは「ついで買い」を増やすことに一役買った。ロフトの担当者も「イベント時はクリスマス以上の混み具合。ロフトでは年中の行事となってきている」と話している。

日本グミ協会名誉会長の武者さんは「グミによって様々な人やものがつながってきている。今後も協会の活動を継続し、日本のグミ文化を形成したい」と期待を込める。

オタクとは違う「推し活」

1980年代から認知されるようになった「オタク」。彼らには「内」にこもるマイナスなイメージが漂っていた。アイドルやキャラクターへの愛着を示す言葉として1990年代に広がった「萌え」も内向的だった。だが、2000年代に台頭した「推し」に人生をかける人たちは、行動的で外交的だ。堂々と胸を張っている。「推し活」はデジタルが主体。コンテンツを消費しながら、スマホやブログ、SNSを使った第三者へ向けた表現が伴う行動をとる。その点が昭和や平成のファンとの違い。「ぼくのわたしの独り占め」にはせず、みんなに「推す」のであって、共感を呼びかけ共有を誘っている。

「推し活」の背景に人間が本来持っている気持ちが

現在の推し活が盛り上がっている背景には、好きという感情に、誰かを応援したい、何かを支援したい、という人間が本来持っている気持ちがある（水越康介著『応援消費』）。グミの一部のブランドは、商品の背景や原材料の選び方など、商品にまつわるストーリーを伝えることで、消費者の興味や共感をひきつけている。

例えば、「天然の果汁を使用」といった点は、安全・健康志向の消費者の感情に訴える。ＪＡ全農グループが手掛ける「ニッポンエール」のラインアップは50種類以上。グミに加工することで農産物の知名度を上げ、農家や産地を応援している。これは第2章で紹介した「情緒的価値」に加え、社会をよりよくしたい、あるいは社会に貢献したいという「社会的価値」の重要性が増していることをうかがわせる。

ファンはライバルではなく「同志」

ファンたちはライバルではなく同志だと言える。好きなものを鑑賞しつつ、体を動かしてリアルに参加し、デジタルで他者とシェアする。「グミの日」のイベントやグミニケーションは、推し活時代の成功例と言える。

これまでのマーケティングは、生活者を「品質を求める人」と「安さを求める人」の2つに分けてきた。だから「良い」商品と、「値ごろ」な商品のどちらかがヒットしやすいと考えがちだ。ただ、ファンが重視される時代は、「愛」を意識すべきだ。つまり、「人から愛されるブランド」になるには、「良い」と「値ごろ」とは別のアプローチが必要になる。「良い」機能、「値ごろ」な価格と、情緒的価値とは距離があるからだ。

企業は「愛されている」ことに気づくべき

「愛」という文脈でブランドを整理すると、大切なのは「愛されていることに気づく」ことだ。企業やブランドは、そもそも愛されていることに気づいていない場合が多い。しかし、ファンの存在に気づいて愛されている部分を伸ばすようにすると、ファンたちの愛はより深まっていく。すると顧客生涯価値が上がり、もっと購入してもらえるし、クロスセル（関連販売）や友人への推奨も起こる。こうした好循環が生まれてくる。

愛は「品質」や「値段」のように目に見えるものではない。だからファンと仲良くなり、傾聴しないと見えてこない。まずはファンに会ってファンの声を聴く。それはアンケート調査やグループインタビューのような定性調査といった手段だけではない。ファンミーティングやファンが気軽に参加できるイベントも有効になる。

ブランドとファンが一体化

「推し活」という言葉が広まったのは2019年ごろからだ。以前から、アイドルなどを応援する行為はあったが、SNSで動画や情報を手軽に発信できる時代になったことで「推す」行為が注目を集め始めた。ファン同士がネット上で交流したり、インフルエンサーとして発信したりすることで、一段と応援活動を深める人が増えていく。商品に当てはめれば、商品と消費者の関係性が深まって熱量が上がると、今度は購買だけでなく推奨行動が起きて新たな認知や購入が生まれていく。ブランドとファンが一体化していく流れだ。

ファンは単に商品・サービスをたくさん買ってくれる人ではない。企業の未来を共創する同志でもある。熱量の高いファンとコミュニティーをつくり、ブランドの仲間として助けてもらう。それは企業にとって嬉しいことだが、ファンにとっても、また嬉しいことでもある。

消費者が共感するのは「なぜ？」

サイモン・シネックは、その著書『WHYから始めよ！』の中で、成功する組織やリーダーが「なぜ？」から始めることの重要性を説いた。多くの組織や人々は、自分たちが何をしているのかは知っていても、「なぜ」それをしているのかを明確にしていないことが多い。しかし、消費者や従業員が共感するのはこの「なぜ」だ。多くの組織やブランドは、外向きには「なに（What）」を強調してコミュニケーションに取り組むが、消費者が本当に共感し、忠実になるのは「なぜ（Why）」を通じてだ。アップルやテスラ、パタゴニアなど、強力なファンを持つブランドは、自社の「なぜ」を明確に伝え、消費者の共感を得ることに成功している。

単なる顧客が真のファンに変わる

明確なビジョンやミッションは、組織の真の目的や価値を明確にすることで、様々なステークホルダー（利害関係者）との関係を強化する。企業の「なぜ」を共有することで、従業員が自分たちの仕事により意味や価値を見いだし、モチベーションを維持・向上させることにもつながる。結果として、企業の「なぜ」に共感する消費者は、単なる顧客から真のファンやサポーター（支援者）へと変わっていく。

「グミ文化」を目指す（日本グミ協会の武者慶佑名誉会長の寄稿）

日本グミ協会は2013年に設立し、執筆時の2023年で10年目となります。当時私はSNSを活用したプロモーションを行う広告代理店で、企業様のマーケティングのサポートを生業としており、せっかくならば私自身がSNSの最前線を肌身で感じる立場にありたいと考え、実験の場も兼ねて趣味的に何かできないかと考えていました。

当時はツイッターがやっと日本で浸透してきた段階で、インスタグラムはまだ展開されていませんでしたが、SNSは単なるネタの拡散ではなく、写真映えなども踏まえたコンテンツの発信の場になりつつありました。また、ハッシュタグの文化も浸透し、コミュニティー化していく傾向にもありました。そのような背景を受け、私自身が好きだったグミに注目し、グミならば色や形的に映えることができ、100円程度で買えるので簡単に続けることができると思い、グミでSNSの実験をすることに決めました。

当時、何人かのグミ好きの人に話を聞くと、固有名詞で言えるグミは「ハリボー」と「果汁グミ」くらいしかなく、ほかにもグミはたくさんあるにもかかわらず、意外と知られていないと感じたこともあり、ハッシュタグコミュニティーとして新作のグミを届ける「#日本グミ協会」ができあがりました。また、味をレビューするにあたり、一定の指標が必要だと考え、グミの味の指標を設け、ロゴ化することにしました。

文化形成のためのグミの日

「#日本グミ協会」というレビューは、いかにもグミの権威感があるかのような投稿になりますが、日本グミ協会は本書でもあったように〝勝手連〟です。この勝手連、現在はデジタル上での会員証の発行が3万枚を超え、Xでは毎月2000～3000件のハッシュタグ付きのレビューが投稿されています。

日本グミ協会が定期的にSNSでフォロワーに独自に取っている簡易アンケート（n＝321）では、フォロワーのなんと19・9％が月間にグミを10個以上購入しているという驚異のロイヤルティファンで形成されています。

現在、こうしたコアファンの活動に賛同いただいているメーカー様6社（春日井製菓、カバヤ食品、カンロ、ニッポンエール〈全国農業協同組合連合会の商標登録ブランド〉、ハリボージャパン、UHA味覚糖　※敬称略）とグミットという組織を形成し活動をすることもできています。

グミットでは、主にグミを文化にしようという共通の思いのもと、9月3日のグミの日を広める活動を行っています。グミの日はもともとUHA味覚糖が2007年に日本記念日協会に登録し、制定されましたが、グミというカテゴリーはメーカーの枠を超え

日本グミ協会のロゴと、グミの味の指標

First Bite
Second Bounding
Gelatin Toughness
Fruit Taste
After Flavor
Japan Gummy Association©

ファースト バイト ☆☆☆☆☆	噛むというよりは最初の食感でありマウスフィール。ゼラチンのかたまりであるグミのシンプルさを考える項目。
セカンド バウンディング ☆☆☆☆☆	いわゆる噛んだときの噛みごたえの強さ。グミに求める程よい弾力の部分に対する項目。強すぎてもよくない。
ゼラチン タフネス ☆☆☆☆☆	ゼラチン（噛んだあとのグミの破片）が溶けだすまでのスピードに対する項目。ある程度グミグミしいかたまりが残っててほしい。果汁やゼリー物質の影響を受けやすい。
フルーツ テイスト ☆☆☆☆☆	フルーツ本来の味の印象に対する項目。コーラやソーダなどもあるが、合成甘味に関しては本来の味が人により異なるため本協会では言及していない。
アフター フレイバー ☆☆☆☆☆	食べ終わった後に鼻から抜ける香りの印象・余韻に対する項目。すっぱさやしつこさに負けず、一袋をパクパク食べたくなるか？という次への意向意欲も含まれる。

て存在します。そこで、日本グミ協会では2015年から勝手連として勝手にグミの日の企画として、SNS上でグミをプレゼントするキャンペーンを行ってきました。2017年からはUHA味覚糖の許可を得て、同社に加え、ほかのメーカーにも参加していただき、メーカーの枠を超えて日本におけるグミを広める活動になっています。

9月3日という年に必ず一度やってくるグミの日をSNS上で浸透させることで、小売店でグミの棚ができ、日本グミ協会を知らなくてもグミを見る機会が増え、グミの市場に貢献できるのではないかと考えています。実際、グミの日は2020年から4年連続Xのトレンドで日本一となっており、スーパーやコンビニ、ドラックストア、

量販店など、様々な小売店でもグミの日に店頭ポップと棚が設けられるようになってきました。11月11日のポッキー&プリッツの日やハロウィン、バレンタインなどの年に一度繰り返す記念日は、大きく経済を動かし、究極のマーケティングになるのではないかと考えています。

ブームではなく文化にする

グミは、ここ数年ショート動画を中心としたSNSが隆盛したことで、いわゆるバズるグミが局所的に小売店で売り切れるといった現象が起きています。バズの量に伴い、ロングテール的にカテゴリー全体が成長し、市場全体にも寄与していますが、バズは水もので、消費者はすぐに飽きて次のバズるものにシフトします。タピオカがその典型例ではないかと考えており、今まさにブームを迎えているグミを、ここからどう文化にしていけるかが日本グミ協会としてのミッションであると勝手に考えています。

新作やバズるグミという商品側面だけでなく、日本グミ協会は〝グミニケーション〟という言葉を掲げ、「グミは味も色も形も弾力も異なる自由なお菓子。チャックがついて持ち歩くことができ、たくさん入っていて溶けないので、友だちと1粒交換することもでき、最もコミュニケーションができるお菓子」と定義しています。このように、新作に限らずグミそのものに情緒的な価値を付けて、グミニケーションという言葉でくることで、グミを買う理由をつくることができるのではないかと考えています。一人一人が推しのグミを持って、誰かと交換するシーンが職場や学校、家庭でのおやつの時間に、日常的に発生するといいなと考えて運営しています。

また、日常的なグミニケーションを強力に浸透させるために、私は2021年9月3日に会長を引退し、現在は「あいうえお」さんという女性に会長を譲っています。あいうえおさんはもともと、日本グミ協会のハッシュタグを付けて投稿する、いちフォロワーでしたが、ショート動画時代に対応した顔を出して前に立てる存在が必要だと考え、2021年9月4日より会長に就任して、日本グミ協会のSNSをけん引してもらっています。彼女自身も、大変グミの知識が深く、現在ではSNSフォロワーが計40万人近くおり、私とは違った消費者ファーストの日本グミ協会をつくってくれています。

また、日本グミ協会では名誉会員という制度をつくり、本当にグミが好きでグミを独自の視点から語れる影響力のある方を名誉会員として認定しています。俳優の吉岡里帆さん、前田公輝さん、芸人のパンサーの向井慧さん、歌手・声優の小林愛香さん、シンガーソングライターの藤原さくらさん、動画クリエイターのひまひまさん、男性アイドルのBUDDiiSの高尾楓弥《ふみや》さん、女性アイドルからは私立恵比寿中学の小久保柚乃さん、OCHA NORMAの北原ももさん、ukkaの葵るりさん、ラフ×ラフの佐々木楓菜さん、フィロソフィーのダンスの香山ななこさんの12名の方を名誉会員として認定し、会員証とTシャツをお送りしています。

活動にこちらからの制限は一切なく、名誉会員の皆さんが自由にメディアやSNSで名乗って遊んでいただいていいということになっており、実際、私の知らないところでも名乗っていただけているようです。このように高い知名度やファンダムを形成している方が「本当にグミが好き」という強い思いから、名誉会員を名乗っていただくことで、ファンはグミのことをもっと知りたくなり、購入し、日本グミ協会のファンにもなってもらうことができています。

最たる例としては、名誉会員の小林愛香さんが2023年のグミの日に向け、「グミチュウ」という楽曲をリリースするに至りました。グミチュウはミュージックビデオも制作され、グミの日後の10月にはCDとしても発売されました。歌詞の中ではグミに対する愛が書かれ、「グミニケーション」という歌詞も登場し、ライブではファンと掛け合えるものになっています。

日本グミ協会の目指す世界

グミットやグミの日では、メーカーを巻き込んで活動している日本グミ協会ではありますが、日本グミ協会はやはりどこまでいっても勝手連であり、忖度《そんたく》せずに独自のグミレビューを続けていくつもりです。一方で、メーカーとも連携し、まだ新しいお菓子であるグミの魅力を情緒的な側面からしっかり届けていくことも行いたいと考えています。後者はどうしても各社のビジネスが付きものです。しかし、消費者はビジネス化して競争するグミに興味があるわけではありません。消費者として楽しむグミニケーションと、加速度的に成長するグミ市場におけるメーカーの立場を私なりに理解しつつ、消費者ファーストで動く時代の中でのグミのあり方をこれからも勝手に考えて発信し、そこから生まれたグミの文化の片鱗《へんりん》をメーカーと一緒に観測し、日本独自の文化であるグミの日を祝日にするくらいの気持ちで本気で楽しんでいきたいと考えています。

おわりに

ハンバーガーチェーン、マクドナルドの「マックシェイク」は、他社のシェイクより吸うのに力がいる。日本マクドナルドの創業者、藤田 田《でん》さんに言わせると「赤ちゃんが母乳を吸う速度と同じ」に設計されているとのことだった。藤田さんの著書『Ｄｅｎ Ｆｕｊｉｔａの商法』にも書かれていたし、生前の取材で確かめたこともあった。

グミの取材を通して、「母親世代が、子どもの頃食べていたグミを子どもに買い与えている」というメーカー担当者の解説があった。本書の独自調査でも同様な回答がいくつかあった。また、「赤ちゃんの歯固めにグミは有効なのではないか」といった医療関係者からの示唆があった。

本書の心残りと言えば、このような消費者の深層心理にもっと迫りたかったということだ。かつて『プレジデント』誌で、１９９０年代初めに、グミの人気は「女性の乳首のやわらかさに通じるところがあるから」といった趣旨の記事が載った。

藤田さんのマックシェイクではないが、グミも乳幼児の頃の体験が、深層心理に働いている面もあるのではないか。そこまで踏み込んだ取材は、物理的にも経済的にも無理だった。今後の課題として、どこかの研究者が追求してくれることを期待したい。

本書の執筆では、多くの関係者の方にお世話になった。明治、カンロ、ＵＨＡ味覚糖、ハリボージャパン、ロマンス製菓のメーカー各社、三菱食品、ナシオの卸2社、セブン‐イレブン・ジャパン、調査会社のインテージ、マクロミル、マーケティングコンセプトハウス、SHIBUYA109エンタテイメント、True Dataなど、忙しい時間を縫って取材の時間をいただき、丁寧に回答をいただいた。本当に感謝申し上げたい。プレジデント社の桂木栄一さんは、ほとんどの取材に同席してくださり、的確なアドバイスをいただいた。感謝してもしきれない。

執筆が大詰めを迎えた頃、父と義母が亡くなるという悲しい出来事があった。また、33年間勤めた日本経済新聞社から流通科学大学に転じる話が決まった。バタバタする中で筆がパタッと止まってしまい、出版時期が大幅に遅れることになった。プレジデント社の桂木さん、そして菊田麻矢さんに背中を押してもらって、なんとか出版にこぎつけられたものの、ご協力いただいた方々にお詫びしなければならない。

日本は人口減少社会に入り、出生数も激減している。失われた30年間の中で、大きな自然災害やコロナ禍にも見舞われてきた。厳しい経済環境下で、大きなヒット商品が生まれにくくなっているのは確かだが、グミのヒットは、様々な業界で参考になるはずだ。そのポイントは、企業の独りよがりではなく、生活者と「共創」する仕組みをつくっていけるかどうかだろう。

２０２４年3月　白鳥和生

参考文献（新聞とオンライン記事）

・グミ市場、「ハード系」が席巻　仕事・勉強のお供、ストレスも発散［消費を斬る］
2023 年 9 月 18 日付　日経 MJ（流通新聞）7 ページ

・ロッテ、ガム復権へ需要開拓　コロナ下で市場縮小　かむ力、アプリで測定
復刻版で若年層に訴求　2023 年 9 月 6 日付 日本経済新聞　朝刊 14 ページ

・セブン、菓子販売が過去最高、PB ポテチ刷新、グミもヒット、3~6 月、1 店舗当たり
2023 年 8 月 28 日付　日経 MJ（流通新聞）13 ページ

・50 種類以上！「全国ご当地グミ」じわり人気のナゼ JA 全農
「ニッポンエール」の知られざる狙い　2023 年 7 月 11 日　東洋経済オンライン

・2022 年度下半期注目カテゴリーランキング特集　POWER　CATEGORY　2023　(1/3)
2023 年 6 月 15 日 ダイヤモンド・チェーンストア 71~114 ページ

・グミかんで子供の歯健やかに　ライオンがセット販売　アプリで撮影し判定、そしゃく力育てる
2023 年 6 月 9 日付　日経 MJ（流通新聞）6 ページ

・噛む菓子「グミ＞ガム」になった令和ならではの訳
グミがガムの市場を奪ったと考えるのは短絡的　2023 年 6 月 9 日　東洋経済オンライン

・「キシリッシュ」ガムからグミへ　明治　同じブランドでリフレッシュ機能継承
2023 年 6 月 2 日付　日経産業新聞 11 ページ

・ガム市場に復活の兆し　マスク着用緩和や外出機会の増加で　2023 年 5 月 31 日付 食品新聞

・［まいにち食堂］気になるその後　ガム存在感薄れ半減　競合増え大台割れ目前
2023 年 5 月 30 日付　毎日新聞　夕刊 3 ページ

・［be　between　読者とつくる］最近、ガムをかんでますか？
2023 年 5 月 27 日付　朝日新聞　朝刊 10 ページ

・［2023 年上半期ヒット大賞 & 下半期ブレイク予測　第 5 回］明治キシリッシュも「ガム」から鞍替え
グミ市場にヒット続々　2023 年 5 月 19 日　日経クロストレンド

・グミキャンディー、バイヤー調査――かみ応え充実「果汁グミ」首位、
味わい濃厚、リピート買い　2023 年 5 月 17 日付　日経 MJ（流通新聞）3 ページ

・キシリッシュ、グミに懸ける、明治、ガムから撤退、ブランド・機能性残し「転生」
2023 年 5 月 8 日付　日経 MJ（流通新聞）11 ページ

・子どものかむ力、グミで高まる　ライオンが確認　2023 年 4 月 26 日付 日刊工業新聞 16 ページ

・「もっと原価を下げられないか」グミッツェルブームの立役者が
今も袋 1 枚のコストにこだわるワケ　2023 年 4 月 28 日 プレジデントオンライン

・売場活性化のための MD　EDITION　新製品情報
2023 年 4 月 15 日 ダイヤモンド・チェーンストア 94 ページ

・［インサイド］明治キシリッシュ、ガム撤退の舞台裏 「グミ転生」の勝ち筋とは
2023 年 4 月 11 日　日経クロストレンド

・ビジネス特集　ガム VS グミ　あなたはどちら派？ 2023 年 4 月 6 日　NHK ニュース

・しぼむガム、明治が終売、市場規模、グミが 5 年で逆転、カンロ攻勢、Z 世代取り込む
2023 年 3 月 24 日付 日経 MJ（流通新聞）3 ページ

・［日経クロストレンド・カレッジ］23 年はマーケ転換期
企業の出発点は「愛されている」と気づくこと　2023 年 3 月 22 日 日経クロストレンド

・「キシリッシュ」ガムは終了　グミ発売　2023 年 3 月 20 日付 日経 MJ（流通新聞）13 ページ

・コンビニの「忍者」雌伏 15 年　グミ、大人の口をとりこに［ヒットのクスリ］
2023 年 3 月 10 日付 日本経済新聞　朝刊 17 ページ

・［インサイド］明治ガム事業撤退、5 年で市場規模がグミと大逆転　カンロが攻勢
2023 年 3 月 8 日　日経クロストレンド

・明治「キシリッシュ」撤退の裏にあった戦略の失敗 ガムから事実上撤退、
売上高はピークから9割減　2023年3月4日　東洋経済オンライン
・グミ大幅増でキャンディ市場を牽引　話題性のある商品にZ世代が支持　2023年2月4日付　食品新聞
・[Z世代に受けるショート動画の作り方　第2回]　Z世代×ショート動画意識調査
約3割「視聴後に購入・申し込み」 2023年1月17日 日経クロストレンド
・2022年度上半期注目カテゴリーランキング特集　POWER　CATEGORY　2023　(1/3)
2023年1月15日 ダイヤモンド・チェーンストア 87~150ページ
・ガム・キャンデー特集：ガム復活、グミ過去最高へ　人流回復で需要活発化
2022年11月30日付 日本食糧新聞 4ページ
・ガム・キャンデー特集：カンロ　事業戦略着実に21%増　2022年11月30日付 日本食糧新聞 5ページ
・ガム・キャンデー特集：明治　グミの喫食頻度拡大へ　2022年11月30日付 日本食糧新聞 5ページ
・[関心アリ！] グミ　食感ハードに進化　かみ切る心地よさ「癖になる」
2022年11月29日　東京読売新聞　朝刊19ページ
・SNSで「グミニケーション」、セブン、売り場3倍/ロフト全店で催事、
「映える」商材、Z世代つかむ　2022年11月16日付　日経MJ（流通新聞）3ページ
・グミ、好みの硬さを「自分探し」、明治、6段階の「食感チャート」、かんで健康、シニアも支持
2022年10月28日付 日経MJ（流通新聞）3ページ
・売れ筋POS分析――お口の友、グミがガムを逆転 [値札の経済学]
2022年10月25日付 日本経済新聞　夕刊 2ページ
・グミは食材 「甘さが生ハムの塩気と合う」、カプレーゼ、ドレッシング、酒漬け…、
浮世絵風アートの「画材」にも　2022年9月30日付　日経MJ（流通新聞）14ページ
・ずっと品薄、「地球グミ」が若者に売れまくる背景
Z世代のトレンドランキングで常にランクイン　2022年8月27日　東洋経済オンライン
・[インサイド] 明治がグミに6段階の“硬さチャート”を付けたワケ　意外な新客とは？
2022年7月12日　日経クロストレンド
・The Colorful History of Haribo Goldbears, the World's First Gummy Bears　2022年5月18日　スミソニアンマガジン
・HARIBO、粘りの市場開拓　クマのグミ100歳　日本、売り上げ2年で4割増
独本社CCOに聞く　2022年4月22日付 日経MJ（流通新聞）
・[論説]　輸入果実の高騰　国産の商機をつかむ時　2022年4月18日付　日本農業新聞　3ページ
・明治と鶴見大、グミの咀嚼、口腔内の潤いに一役　2022年4月6日付　化学工業日報　5ページ
・林原、口の健康テーマにライフセミナー開催　2022年3月25日付 化学工業日報 5ページ 絵写表有
・林原、第4回ライフセミナー開催 「口の健康維持が大切」 2022年3月16日付 日本食糧新聞 6ページ
・「口の健康、アンチエイジング」テーマに林原がセミナー YouTubeでも配信へ　2022年3月14日付 食品新聞
・eスポ、食品もファイト　ラムネやグミ、集中力支える糖分補給 泡立つ期待、
粘り強くサポート [発創力消費を動かす]　2022年1月14日付 日経MJ（流通新聞）3ページ
・明治、グミ摂取、心理状態向上と交感神経系活動の持続的亢進を促進
野澤青学大教授と共同研究　2021年12月8日付 日本食糧新聞　6ページ
・2021年ヒット商品ベスト30　1位　TikTok売れ――グミから高級車まで、
あらゆるモノが売れる　1000万人利用の動画コマースに進化　2021年11月4日　日経トレンディ 92~93ページ
・ガム・グミ市場、新価値探る動き活発化 「かむ」ことの効果発信
2021年10月27日付 日本食糧新聞　1ページ
・ガム・キャンデー特集：21年は回復基調に　グミはV字　2021年10月27日付 日本食糧新聞　8ページ
・ガム・キャンデー特集：カンロ　好調グミ　新食感「マロッシュ」貢献
2021年10月27日付 日本食糧新聞　9ページ
・ガム・キャンデー特集：明治 「果汁グミ」糖類30%オフぶどう新発売
2021年10月27日付 日本食糧新聞　9ページ

・[知っとこ！ DATA] ガム、膨らむ役割　2021年10月11日付　朝日新聞　夕刊2ページ
・[くらしナビ・ライフスタイル] 大人は知らない「地球グミ」　2021年7月3日付　毎日新聞　朝刊17ページ
・力士の声が子供に!?　世界最大のグミメーカーが日本初のテレビCMを打つ勝算
2021年3月10日 ダイヤモンド・チェーンストアオンライン
・コロナ禍で成長した食品1位は玩具菓子、2位プロテイン粉末 インテージ調べ　2021年2月1日付　食品新聞
・1箱3800円の高級グミ「グミッツェル」がバズっている理由　2020年3月7日　プレジデントオンライン
・「仕事おやつ」はなぜガムからグミに変わったか　2019年12月29日 プレジデントオンライン
・ガム・キャンデー特集：カンロ　グミ、成長のエンジンに　新製品開発を活発化
2019年10月30日付　日本食糧新聞　11ページ
・ガム・キャンデー特集：ブルボン　「グミモッツァ」立ち上げ　2019年10月30日付　日本食糧新聞 11ページ
・「グミ」が仕事中の小腹満たしに選ばれるワケ 手も汚れにくいし、後ろめたさも少ない
2019年6月28日　東洋経済オンライン
・「グミ」ドイツ生まれ、日本で育つ――クセになる食感、進化続く味や形（くらし物語）
2018年8月25日　日経プラスワン 15ページ
・連載 ヒット商品はこうして生まれた「グミ」・ガム、アメに代わり、現代ニーズを捉えたお菓子の主役
2018年8月号　月刊激流　132~133ページ
・ファンが企業を成長させる　参加できる「物語」に共感
[今を読み解く] 2018年3月10日付　日本経済新聞　朝刊　27ページ
・グミ、大人女子をつかむ　2018年2月2日付　日経MJ（流通新聞）
・[ヒットの考現学]「コモディティ化」の悲劇から復活　機械式腕時計に学べ
2007年9月26日 FujiSankei　Business　i. 28ページ
・グミ市場復活の歯ごたえ、メーカー各社再チャレンジ――はずむ新製品、味や形に変化。
1994年1月28日付 日経産業新聞 13ページ
・明治製菓、グミ「ポイフル」――女子中高生に的 [マーケティング勝敗の分岐点]
1993年11月4日付　日経産業新聞　15ページ
・グミ――新分野に12年の蓄積 [食品ニューウェーブ新商品の素顔]
1991年6月12日付　日経産業新聞　25ページ
・最優秀賞――ゼラチン菓子、菓汁グミ [日経優秀賞開発の現場から]
1991年2月13日　日経産業新聞　18ページ
・ゼラチン菓子「グミ」――急成長で30社参入、明治製菓がシェア60%（POS分析）
1990年4月16日付　日経産業新聞　13ページ

参考文献（書籍・雑誌）

ブリア＝サヴァラン『美味礼賛（上）』玉村豊男編訳 中公文庫（2021）
藤原和博『学校がウソくさい――新時代の教育改造ルール』朝日新書（2023）
マーク・ゴーベ『エモーショナルブランディング――こころに響くブランド戦略』福山健一監訳 宣伝会議（2002）
水越康介『応援消費――社会を動かす』岩波新書（2022）
ゾーイ・フラード＝ブラナー＆アーロン・M・グレイザー
『ファンダム・レボリューション――SNS時代の新たな熱狂』関美和訳 早川書房（2017）
佐藤尚之『ファンベース』ちくま新書（2018）
フィリップ・コトラー、ヘルマウン・カルタジャワ、イワン・セティアワン『コトラーのマーケティング4・0
――スマートフォン時代の究極法則』恩藏直人監訳 朝日新聞出版（2017）
サイモン・シネック『WHYから始めよ！――インスパイア型リーダーはここが違う』栗木さつき訳
日本経済新聞出版（2012）
藤田 田『Den Fujitaの商法』ワニの新書（1999）

白鳥和生（しろとり・かずお）

1967年3月長野県生まれ。明治学院大学国際学部を卒業後、1990年に日本経済新聞社に入社。小売、卸、外食、食品メーカー、流通政策などを長く取材し、『日経ＭＪ』『日本経済新聞』のデスクを歴任。2024年2月まで編集総合編集センター調査グループ調査担当部長を務めた。その一方で、國學院大學経済学部と日本大学大学院総合社会情報研究科の非常勤講師として「マーケティング」「流通ビジネス論特講」の科目を担当。日本大学大学院で企業の社会的責任（CSR）を研究し、2020年に博士（総合社会文化）の学位を取得する。2024年4月に流通科学大学商学部経営学科教授に着任。著書に『改訂版ようこそ小売業の世界へ』（共編著、商業界）、『即！ビジネスで使える 新聞記者式伝わる文章術』（CCCメディアハウス）、『不況に強いビジネスは北海道の「小売」に学べ』（プレジデント社）などがある。

グミがわかれば
ヒットの法則がわかる

2024年4月26日　第1刷発行

著者	白鳥和生
発行者	鈴木勝彦
発行所	株式会社プレジデント社 〒102-8641 東京都千代田区平河町2-16-1 平河町森タワー13階 編集(03)3237-3732　販売(03)3237-3731
販売	桂木栄一　高橋徹　川井田美景 森田巌　末吉秀樹
編集	桂木栄一　菊田麻矢
装丁	草薙伸行　溝端早輝 ●Planet Plan Design Works
表紙写真	小林久井
画像提供	カバヤ食品、カンロ、 株式会社スタイリングライフ・ホールディングス プラザスタイル カンパニー、 セブン-イレブン・ジャパン、 全国農業協同組合連合会、 日本グミ協会、三菱食品株式会社、 明治、UHA味覚糖
協力	株式会社アップルシード・エージェンシー
制作	関 結香
印刷・製本	中央精版印刷株式会社

ISBN978-4-8334-2524-7
Printed in Japan